Lectorsky V.A.

Philosophy of Science and Modern Russian Philosophy

Translated by Baichun Zhang

STANDARD PUBLICATIONS INC.
2018

Лекторский В.А.

Философия науки и современная русская философия

科學哲學與當代俄羅斯哲學

列克托爾斯基 著
張百春 譯

STANDARD PUBLICATIONS INC.
2018

Cover design: Dmitry Romanov, Desanka Dzodzo
Layout editor: Dmitry Romanov, Desanka Dzodzo
Production editor: Dmitry Romanov, Desanka Dzodzo
封面設計： 德·羅曼諾夫、 李雯
排版編輯： 德·羅曼諾夫、 李雯
產品編輯： 德·羅曼諾夫、 李雯

Copyright © 2018 by Prof. Bai Chun Zhang
Prof. Bai Chun Zhang
Beijing, China
版權所有者: 張百春教授
張百春教授
中國, 北京

All rights reserved. No part of this book may be reproduced, stored in a retrieval system or transmitted, in any form or by any means, electronic, mechanical, photocopying, recording, or otherwise, without prior written permission from the publisher.

The author, translator and publisher of this book make no warranty of any kind, express or implied. The author or publisher shall not be held liable in any event for incidental or consequential damages in connection with, or arising out of, the furnishing, performance, or use of this information.

版權所有、翻印必究。 未經出版商事先書面許可,不得以任何形式或任何方法（電子、機械、影印、錄製或其他方式）複製本書的任何部分,或將其存儲在檢索系統中或傳播。

本書的作者、譯者和出版商不作任何明示或暗示的保證。 在任何情況下,作者或出版者均不承擔因提供、執行或使用此信息而引起的偶然或間接損失的責任。

ISBN: 978-1-61742-005-4
　　　978-1-61742-006-1（e-book / 電子版）

作者簡介

列克托爾斯基（В.А.Лекторский,1932年生）：當今俄羅斯科學院哲學領域四大院士之一，哲學博士，國際哲學研究院（法國，巴黎）院士，中國社會科學院榮譽研究（2004），長期擔任俄羅斯最重要哲學雜誌《哲學問題》主編（1987-2009）。主要研究領域：科學哲學、認識論和文化哲學。從1959年起至今在俄羅斯（原蘇聯）科學院哲學研究所工作，現任認識論與邏輯學研究部主任，認識論研究室主任。1955年畢業于莫斯科大學哲學系。副博士論文題目是《認識論中的主客體問題》（1964），博士論文題目是《認識關係》（1978）。1988年10月應邀在北京大學講授認識論課程。1997年被選為俄羅斯科學院通訊院士，2006年被選為俄羅斯科學院院士。主要著作有：《主體，客體，認識》（1980），《古典認識論與非古典認識論》（2001），《哲學，認識，文化》（2012）。主編著作多部，其中包括很有影響的大型叢書"20世紀下半葉的俄羅斯哲學"（總共21卷）。曾經於2007年和2012年在北京師範大學舉辦講座和系列講座。

目錄

作者前言

第一章 什麼是哲學？

    11

第二章 自然科學與關於人的科學整合是可能的嗎？

    50

第三章 活動論立場的昨天與今天

    101

第四章 合理性與人的未來

    135

第五章 20世紀下半葉的俄羅斯哲學

    170

第六章 馬克思主義哲學在當代俄羅斯

    216

Философия науки и современная русская философия

Предисловие

Глава 1. Что такое философия?

Глава 2. Возможна ли интеграция естественных наук и наук о человеке?

Глава 3. Деятельностный подход вчера и сегодня

Глава 4. Рациональность и будущее человека

Глава 5. О философии России второй половины XX века

Глава 6. Марксистская философия в современной России

作者前言

本書的基礎是我於2011年10月在北京師範大學的系列講座。

講座的主題有很多，但是，它們都圍繞一個核心問題：認識、主體和文化在當代世界裡是如何改變的。這是個"知識文明"的世界，新技術的世界，風險不斷增加的世界，普遍的全球化世界，對人的身體與心理的變異進行規劃的世界。我嘗試表明，傳統的哲學問題——理性的本質，關於自然界的科學與關於人的科學之間的相互關係，認識與活動的相互關係，哲學的作用和功能等，在今天已經處在意想不到的視角裡，並要求新的反思，有時候要求對已經習慣的觀念進行重新考察。現代文明進入到社會發展的這樣一個階段，科學在其中開始發揮新的作用。科學製造出新型技術，後者影響經濟和所有社會與文化過程，同時還在改變一般的"生活世界"。但是，如果哲學與科學在最近三百年時間裡一直密切地聯繫在一起，如果今天的科學與技術（被稱為"技術科學"的新綜合體）一起改變"生活世界"自身，那麼，今天的哲學在對各類極端改變的反思中發揮著絕無僅有的作用，這些極端改變發生在世界上，也發生在對新實在最優化的反應途徑的制定方面。

在自己建構設計領域,人面臨著新領域的發現,同時也面對著新的危險。這些問題與人的未來有直接關係,對它們的討論需要一個前提,就是人不在世界之外存在,而是融入在世界裡,因此應該考慮到人在其中嘗試要干預的那些過程的複雜性,在很多情況下,要考慮到它們的不可預測性。純粹是工程的,幼稚的技術統治論立場既是危險的,也是不可能的。

今天的哲學不應該僅僅是一小撮專家的事情,普通人對它也應該越來越感興趣。我的這些講座考慮到這個問題的。

在北京師範大學講課對我而言是個有趣的和有教益的經歷:聽眾非常敏感,他們提的問題專業而深刻。

感謝中國同事們對我的關心。我特別要感謝我的朋友張百春教授,沒有他充滿奉獻精神的積極努力,無論是我在北京的這些講座,還是本書的出版都是不可能的。

列克托爾斯基
В.А.Лекторский

第一章 什麼是哲學

哲學的歷史已經有兩千多年了。在很多國家，有很多人都在研究哲學，過去在研究，現在還在研究。按理說，他們應該知道，什麼是哲學。然而，這卻是一個依然非常複雜的問題。這就是哲學的特點。如果一個人研究物理學，那麼他不會經常提出這樣的問題，什麼是物理學。一個研究數學的人，也不會問什麼是數學。因為對他們而言，這都是顯而易見的。那些研究哲學的人，卻經常提出這樣的問題，即什麼是哲學？過去如此，現在還是如此，將來必然會如此。

"什麼是哲學"的問題與這樣一些問題有關：哲學有什麼用？為什麼需要哲學？哲學需不需要發展？現在是否要延續一百、兩百年，甚至上千年以前的哲學發展的線路？

幾年前，在歐洲哲學界有一批哲學家提出一個觀點，而且非常流行。按照這個觀點，哲學很早就產生了，是在兩千年以前產生的，那是在科學產生之前。但是，現在不同了。科學一旦產生，便獲得非常迅速的發展。科學回答了人類所關注的幾乎所有問題。那麼，今天的科學已經發展到如此地步，哲學還有什麼用？這是一個非常著名的觀點，其結論就是：哲學終結了。

"哲學終結了"，這個結論在歐洲哲學界曾經非常流行。支持這個結論的人認為，哲學產生的時候所提出的問題後來都被具體科學回答了，比如數學、物理學、邏輯學、生理學等。那麼，在這樣的情況下，當然要提出一個問題，哲學還有什麼用？

比如，以前哲學家們討論如何正確思考，如何正確討論問題。這個問題在今天已經由邏輯學來研究，比如數理邏輯、形式邏輯。以前哲學家們研究的主要問題是：什麼是意識，什麼是心理活動。今天，有專門的科學在研究這些問題，比如生理學和心理學。這些科學在以前是沒有的，但是，它們現在出現了。因此，所有這些曾經是哲學要探討的問題都離開了哲學，由專門科學來研究。

然而，還有另外一些問題，它們是各門具體科學都不研究的，只有哲學才研究這些問題。當今的各門具體科學之所以不研究它們，因為對具體科學而言，這些問題是沒有意義的。

當然，並不是所有的問題都有意義。比如，問一張桌子是什麼顏色，這是個有意義的問題，因為我們可以回答它，具體地說出這張桌子是什麼顏色。但是，如果問風是什麼顏色的？這個問題就沒有意義，因為風沒有顏色。或者問，這張桌子的尺寸如何，長、寬和高是多少，這是個有意義的問題。但是，如果問我的心情的尺寸如何，這就沒有意義了。所以，有些哲學家就認為，以前哲學研究的一系列問題，其實都是些沒有意義的問題，無法對它們作出確定的回答，因為問題自身沒有意義。比如說什麼是物質，似乎就是這樣的問題。因為存在著個別的東西、物品，它們是物質的，但是，物質自身是不存在的，是不能單獨存在的。

"哲學終結"的觀點在上世紀三、四十年代的西歐和美國都非常流行。但是，這一觀點在今天已經不太受歡迎。儘管如此，在哲學圈裡還有些哲學家，他們堅持認為哲學終結了。比如，現在，在文化裡出現一個新情況，即所謂的後哲學（постфилософия），或者哲學之後（после философии）。

目前，堅持哲學終結的觀點的哲學家依然存在，但是數量不多。絕大多數研究哲學的人都認為，哲學是存在的，也是需要的。但是，什麼是哲學？就這個問題存在很多不同的意見。

哲學應該幹什麼？關於這個問題有三種觀點。有一種觀點在英國和美國的一些哲學家中間非常流行，認為哲學就應該分析語言。哲學的對象不是世界，不是世界中的事件，也不是意識，而是語言，就是人們所使用的語言。儘管他們所理解的語言跟語言學家們所理解的語言不太一樣，但是，它們之間畢竟有接近之處。第二種觀點認為，哲學就應該分析意識。哲學家不是心理學家，他們不研究具體的意識事件和意識現象，但是，他們研究意識的深層結構。第三類觀點認為，哲學應該研究科學知識的基礎。每一門科學，每一個理論，都會有一些前提、基本觀念，這些就應該是哲學家研究的對象。

以上這些觀點各有不同。堅持不同觀點的人認為，只有自己研究的哲學才是哲學，另外的兩類研究都不是哲學。比如英美哲學家，他們大部分都是分析語言的哲學家，在他們看來，在歐洲，如德國、法國，哲學家們研究的是意識問題，而不是語言問題。

因此，在分析哲學家看來，歐洲哲學家們研究的根本不是哲學應該研究的問題。研究意識問題的哲學家們則認為，那些研究語言問題的人不是在搞哲學，而是在研究類似語言學的問題，所以，拒絕承認他們的哲學家的權利。

什麼東西可以歸於哲學，什麼東西不能歸於哲學，這個問題依賴於如何理解哲學。在這裡，應該看看哲學史，考察一下在哲學史上，什麼東西被歸於真正的哲學，什麼東西是偶然進入到哲學家視野的。

如果堅持對哲學的狹義理解，就會走向極端。剛才已經提到，從那些研究語言的哲學家的觀點看，與意識問題研究相關的歐洲哲學就不是哲學。無論從研究語言問題的哲學家們的立場看，還是從研究意識問題的哲學家們的立場看，十月革命之前的俄羅斯哲學都不完全是哲學，因為它與宗教聯繫太密切，是一種宗教哲學。馬克思主義哲學也是如此，因為它與意識形態相關，因此有人認為，馬克思主義哲學不完全是哲學。還有一些人聲明，哲學這個詞是在古希臘出現的，所有哲學的基本問題在當時都已經存在，都被希臘人提出來了。因此，其文化沒有受到希臘直接影響的地區，在涉及到其中是否有哲學的問題時，就是有爭議的。比如說，從這個觀點看，阿拉伯的哲學，印度的哲學和中國的哲學，都不符合對哲學的這種狹義理解。因此，如果堅持這個觀點的話，最後可以導致走向極端。比如在美國的個別大學裡有一批哲學家，共同研究和探討一些問題。他們就認為，只有在自己的大學裡研究的才是哲學，在其他大學裡研究的都不是哲學。

我們認為，哲學是統一的。在一定意義上，它始終是同一個東西。無論在兩千年以前，還是在今天，那些原則上屬哲學的問題，都是一樣的。哲學是統一的，因此，在不同時代、在不同文化裡所探討的哲學問題，在一般的形式上，都是一樣的，是同樣一些問題。但是，對這些問題的答案是不同的。這就是哲學裡的永恆問題。與此同時，它們也是歷史性的問題。這些問題自身是一樣的，但是在不同時代、不同處境下，它們可以發生改變。

各個時代所談論的永恆哲學問題，如同它們在產生的時候一樣，都與一個重要的問題有關，就是嘗試回答這樣一個問題，即人與世界的關係。這是哲學的核心問題。人是世界的一部分，與此同時，他與世界是對立的。這就是哲學的基本問題，它以前存在，現在存在，以後也會存在下去。與兩千年之前相比，這個問題在今天變得更加尖銳了。只要從事哲學研究，就無法回避它。只要人存在，那麼，這個問題總會存在的，人們總會談論它。就是說，問題是一個，但是，它每次都按照新的方式被提出來。

什麼是世界？世界就是在我之外，與我相對的東西，我在其中，我可以改變世界，世界也以一定的方式改變我。回答"什麼是世界"這個問題，就等於回答：什麼是真正存在的東西？什麼東西只是看上去是存在的？

的確，有的東西是實際存在的，有的東西只是在感覺上存在，看上去存在，但實際上並不存在。因此，需要在它們之間作出區分。實際上，在哲學產生的一開始，哲學家們就在討論這個問題，至今仍然在討論。一個非常淺顯的例子是：我面前有個杯子，裡面是水。我把一隻小勺放進去，你會覺得勺子是彎的。但是，我知道，事實上勺子是直的。至於說你看到勺子是彎的，這只是個錯覺。我可以把勺子拿出來看看，就可以驗證，它是直的。

我們之所以要區分，什麼是錯覺，什麼是真實的，是因為在我們的生活裡，在我們的行動中，應該依靠真實的東西，而不是依靠錯覺。否則，我們的行動就會遭到失敗。

在日常生活裡，我們很容易區分什麼是真實的，什麼是虛幻的。比如，我們把勺子從杯子裡拿出來看看，就可以判斷，它到底是不是直的。但是，還有更為複雜的情況，這時，區分什麼是真實的，什麼是虛假的，就不那麼容易。比如，在十六世紀，哥白尼等人提出並嘗試證明一個論斷——地球繞著太陽轉。從感覺上說，我們都認為，太陽在天空中運動。但事實上，並不是太陽在天空中運動，而是地在球繞著太陽運動。就是說，我們感覺是一個東西，事實上是另外一個東西。哥白尼及其追隨者們提出的論斷並不是那麼顯而易見的，而是成問題的。而且，當時人們不接受"地球繞著太陽轉"這個論斷，認為這是哥白尼等人杜撰出來的。因為我們都能看見，太陽在天空中運動，怎麼能懷疑我們看見的東西呢？怎麼能夠杜撰出這樣一些違反常理的東西呢？因此，在這裡，什麼是真實的，什麼是錯覺，就不那麼簡單了。

就在那個時代，伽利略借助於望遠鏡觀察行星。他發現木星有衛星，這些衛星環繞著木星轉。用肉眼看不見這些衛星，但是，伽利略借助於望遠鏡發現了它們。當他宣佈自己的觀察結果時，有人提出質疑：望遠鏡所提供的圖景就一定是事實嗎？因為很有可能，望遠鏡會歪曲真實的情況。因此，圍繞這個問題產生一場很大的爭論。也是在這個時候，物理學裡獲得一個結論，我們看到的顏色，比如紅色、藍色、綠色等等，這是光線對我們眼睛發生作用的結果，光線由一定的波構成，這些波是沒有顏色的，這裡既沒有紅色，也沒有藍色和綠色。我們所看到帶有各種顏色的物體，這都是錯覺。

什麼是現實，什麼是錯覺，區分它們的標準是什麼？把一個東西與另外一個東西區別開的那個邏輯的、理性的標準是什麼？哲學家們一直企圖在一般意義上解決這個問題，找到區分錯覺與現實的標準。其實，這個問題今天依然存在，甚至比一千年以前更加尖銳了。因此，這個問題沒有消失，也不可能消失，因為它是個永恆的問題。

還有一個問題，我能知道什麼？問題不僅僅在於世界是怎麼樣的，還在於人能不能認識這個世界，能不能獲得關於世界的正確知識，知道事實上存在的東西。這也是個古老的問題，在兩千多年前就在討論，後來一直討論，現在，它變得更加尖銳了。隨著今天科學的發展，尤其是研究認識過程的科學，比如認知科學，圍繞這個問題的討論也變得越來越尖銳。

那麼，人到底能不能知道所有存在的東西？人的認識是否是有限的？怎麼去判斷：我對某件事情是知道的，或者只是我覺得我知道。我們都知道，今天是星期幾，幾月幾號等等。這是不用懷疑的。我們知道，二加二等於四，如果對某個物體施加一定的力，那麼這個物體就會獲得一定的加速度。這都是我們的知識，對這樣的知識，我們是不懷疑的。

什麼是知道？在什麼情況下可以說我知道，在什麼情況下說，我不知道？古代哲學家柏拉圖是哲學的創建者之一，他舉了一個例子。有這樣一個情況，一個旅行者走在路上，他要去某個城市。他走到一個地方，路分叉了。他不知道下一步應該怎麼走，走哪一條路才能到達想要去的地方。他站在那裡猶豫著。這時，有個人從林子裡出現了。旅行者就問這個人：我應該走哪一條路才能到達我要去的那個城市。從林子裡出來的那個人告訴他，你走左邊這條路，就可以到達你要去的地方。這個旅行者就走左邊這條路，結果真的到達了目的地。現在提一個問題：從林子裡走出來的這個人知不知道左邊這條路真的能夠通向旅行者要去的城市？原來，這個從林子裡出來的人並不知道左邊這條路能否通向旅行者要去的城市，他只不過是隨便指了一下，結果他真的對了，旅行者真的到達了要去的城市。但是，在這種情況下，旅行者很可能走錯路，因為指路的人很可能犯錯誤。

通過這個例子，柏拉圖作出結論說，如果一個人知道什麼，那麼他總能夠回答這樣的問題：你為什麼這樣認為？比如，旅行者問這個從林子裡出來的人，為什麼這條路可以把我引向我要去的地方？如果這個從林子裡出來的人說，我不知道，但是，我覺得是這樣，實際上可能如此，也可能不如此。那麼，這就表明，他並不知道。但是，旅行者沒有提出這個問題，他相信了從林子裡出來的人。

在哲學上早就有這樣一個通行的意見，如果一個人知道什麼，擁有一定的知識，那麼他就應該能夠論證自己的知識，為自己的論斷提供依據，可以回答下面的問題：你為什麼這樣認為？如果他無法回答這個問題，那麼只能說，他相信，而不是知道。從林子裡出來的那個人，他不知道左邊的那條路能否把旅行者引向目的地，他只是相信這樣。

知道是知識，相信不是知識，而是信仰。知識與信仰是不同的東西。我知道自己某個時刻在某個具體的地方，因為我總可以找到證據表明我在這個地方。如果有人斷定，他自己知道幾何學中的某個定理。如果要求讓他對這個定理進行證明，但他卻無法對其作出證明，那麼只能說，他根本不知道，只是聽到，並且相信了這個定理而已。這是不同的東西。哪怕我們的論斷的確是真理，即它符合事實，那麼，論斷的真理性也不能保證它就是知識。要使我們的論斷成為知識，成為我們自己的知識，我們應該能夠證明它，為它找到證據，即回答我們為什麼知道。

哲學家認為，我們的行為和行動應該以知識為基礎，而不能依靠推斷、信仰。因為知識是經過論證的，它一定符合事實。但是，信仰可能符合事實，也可能不符合事實。所以，哲學家認為，應該依靠符合事實的知識而行動。

知識及其論證的問題，也討論了幾百年，甚至是上千年，至今依然還在討論。知識與信仰的關係問題也是如此，它在今天比在柏拉圖那裡更加尖銳。柏拉圖曾經認為這個問題很容易解決。

還有一個早就在探討的問題，現在也變得更加尖銳了，這就是意志自由問題。我們看一個日常生活中的例子。比如你走在大街上，偶然碰到一個東西，滑倒了，結果把一個路人給撞了。你向這個人道個歉，說不是故意的，你並不想撞他。他理解了，於是就原諒了你。另外一個情況，你走在路上，故意撞擊周圍的人。周圍的人會憤怒的，指責你怎麼能這樣呢？那麼，這兩個情況的差別在哪裡呢？在第一種情況下，事件的發生是由於外在力量對你的作用，這是外在的原因發揮了作用。在第二種情況下，是你自己故意這樣做的。所以，在第一種情況下，你對所發生的後果可以不負責，在第二種情況下，你是有責任的，因為你是故意這樣做的。這就是著名的自由意志問題。就是說，你是否是自由地作出行為的，這個行為是由外部原因決定的，還是按照你自己的意志發出的。如果是後一種情況，你就要對行為的結果負責。隨著認知科學裡獲得的一系列事實和成果，意志自由問題重新被提出來，而且變得更加尖銳。

"什麼是哲學？"對這個問題，我的理解是這樣的：哲學的基本問題都與人和世界的相互關係問題有關。世界的結構如何？哪些東西是實在的，哪些東西是虛幻的?人的結構如何?他的自由意志在哪裡?他的意識在哪裡?關於世界,他能夠擁有什麼樣的知識?還有很多這樣的問題,我們在這裡就不去羅列了。一般而言,就一般的形式而言,這些問題始終是一樣的,人們過去討論它們,現在依然在討論它們。這是我對什麼是哲學這個問題的回答的第一個部分,還有另外一部分答案,下面再展開。

這裡提到的這些問題,在哲學裡從來沒有消失過,無論人身上發生了什麼,無論科學裡取得了什麼樣的成就,無論技術如何發展,一切都在改變,在不同的文化裡,在地球上的不同地方,哲學是按照不同的方式發展的,這與各地人們生活的傳統和特點有關。然而,哲學的所有基本問題都是一樣的,始終是一樣的。只要人存在,這些問題就存在。

經常有人懷疑哲學存在的價值和意義,他們的證據是:各門自然科學是按照這樣的途徑發展的,首先提出問題,然後解決它,繼續提出下一個問題,再解決,再前進。但是,哲學家們始終在討論和解決同樣一些問題,兩千年裡沒有提出新問題,這太不嚴肅了。對這個指責,我的答覆是:的確是這樣的,哲學家們在討論同樣的一些問題,因為它們是永恆的問題，它們涉及到對人與世界關係的理解。只要人和世界存在，只要人面對世界，那麼這些關係就存在。只有當人不再存在時，這些問題才能消失。只要這些關係存在，這些哲學問題就會產生。就自己的實質而言，人與世界的關係是悖論式的、矛盾的。無論誰來研究人與世界的關係，都無法回避這個悖論，哪怕是自然科學。自然科學家們最終也得走向哲學問題。

今天一些研究認知科學的人認為，可以通過信息處理的手段，研究人的大腦功能，最終可以解決原來哲學家不能解決的問題。他們得出令人驚訝的結論。人存在於世界之中，是世界的一個部分。人有大腦。作為人身體的一個部分的大腦也是世界的一個部分。但是，大腦通過從世界裡獲得的信息，構造世界的圖景。我們對世界的知識，就是大腦構造的那個圖景。於是，大腦在世界裡，但世界（以圖景的方式）又在大腦裡。其中有這樣一些人，他們甚至不是哲學家，而是進行哲學思考的科學家（當然不是以最好的方式進行哲學思考），他們斷定：世界就是我們大腦構造的。簡單地研究自然界，這是一碼事，但當問題涉及到理解人及其與世界的關係時，就會出現這樣一些問題，沒有哲學，根本無法解決它們。

這是我對"什麼是哲學"這個問題的答案的一個方面,就是說,永恆的哲學問題始終存在,從未消失。我對這個問題的答案的另外一個方面是這樣的。針對這些永恆的問題,可以在一定的範圍裡考察它們。如同一個空間,可以在其中擺放圖片或照片。空間框架是不變的,但其中的內容是可以改變的,圖片或照片擺放的方式可以是不同的。這些永恆的哲學問題就是這樣,它們是不變的,但是在不同時代,不同文化裡,這些問題的內容是不同的。

我在這裡談的是世界,可以按照不同的方式理解世界,在不同的時代,在不同的文化裡,對世界的理解就是不同的。隨著科學知識的發展,對世界的理解也發生了巨大變化。比如,在古希臘哲學裡,亞裡士多德認為任何運動,任何物體都是由四種不同的原因決定的。世界就是這樣構造的,在其中有四種不同類型的原因在發揮作用。但是,在近代,隨著科學的發展,特別是基礎科學的發展,歐洲哲學裡占主導地位的觀點是,這裡只有一種原因,即作用因,其他類型的原因是不存在的。任何運動,任何物體,只要確定了這個原因,就可以搞清楚該物體的運動,進而知道它的狀況。而且,沒有原因的現象是不存在的。如果發生了某個現象，即使你不知道該現象發生的原因，也不意味著該現象是沒有原因的。你應該找到這個原因，只要你願意尋找，肯定能找到這個原因。每個事件都有自己的原因。但是，在20世紀，在科學裡流行另外一種觀念。在有些情況下，談論個別事件的原因是無意義的。可以談論一批事件的原因，這裡涉及到原因的可能性。就是說，有時候無法找到每個現象的原因，甚至談論這樣的原因都是無意義的。

世界裡的同樣一些事情，可以按照不同的方式對它們進行考察，在不同歷史時代，哲學家們以不同的方式討論它們。當科學出現之後，哲學家們也在考慮到科學的發展。比如，世界是如何建立的，問題是一個，但是每一次對它的研究方法是不同的，這依賴於我們關於世界知道什麼，我們關於世界的觀念如何，我們關於世界結構的觀念如何。而且，在討論這個問題時，不能不考慮科學發展所取得的成果。

必然性和偶然性及其相互關係的問題也是如此。有一段時間，在哲學和科學裡普遍認為，某現象如果是偶然的，那麼這只是看上去如此，是錯覺。事實上，從來也沒有純粹的偶然性，任何現象必然都是由某種東西決定的。現代科學則認為，有一種類型的偶然性，它不可能僅僅歸結為必然性的範疇。

現在我們來討論什麼是實在，什麼是幻想。這也是個古老的哲學問題，前面已經提到過。隨著認知科學的發展，這個問題在今天重新獲得討論。這裡出現很多新的現象，以前是根本沒有過的現象。以前人們依靠個人經驗、行動來解決這個問題，即什麼是實在的，什麼是虛幻的。如果有什麼東西，讓我判斷是真實的還是虛假的，比如一個小勺放在水杯裡，我覺得是它彎曲了。要驗證我的判斷是真實的還是虛假的，只要我把小勺拿出來，就會發現我錯了。因此，我很容易就把真實與虛假區分開。但是，今天我們已經生活在另一個時代。什麼東西在事實上存在，即什麼是實在，關於這個問題，我們的觀念在很大程度上是通過現代信息和交往手段形成的。我們知道某個事件發生了，因為我們在報紙上讀到了，在電視上看到了，或者是在網絡上瞭解到的。於是，我們就說，某個事件發生了。然而，這也為虛假報道、欺騙提供了可能，製造事實上並不存在的事件。比如，你在電視上看到，在某個城市裡，有一些人走上街頭遊行。你就會說，是的，我在電視上看到了，的確有這樣的事情發生在某時、某地。但是，很可能會有這樣的情況發生：電視給個畫面後，就報道說，遊行隊伍有上千人。然而，實際上很可能只有20多個人走在大街上，而不是上千人。但是，你無法檢驗，因為你受控於為你提供的信息，這樣，你個人無法把看到的東西與事實區分開。

這就是所謂的信息社會。的確，這裡有巨大的新的可能性，借助於網絡媒體，影視媒體等手段，你可以獲得來自任何地方的信息，你可以瞭解很多東西，這在以前是不可能的。對人類發展而言，這是很有好處的。但與此同時，這也為虛假報道和欺騙提供了巨大可能性，如果個別別有用心的人感覺到有這個需要的話。當然，通過這種方式（虛擬方式）學習開車，開飛機的人總是能夠把真和假的東西區別開，因為在屏幕上顯示的畫面與現實中的實際情況是不同的。但是，我們知道，技術在發展，可以發展到這樣的地步，那時候，很難再把兩者區別開，這在原則上是完全有可能的。那時，就會出現被人們當作實在發生的，但實際上並不存在的事情。

美國哲學家們目前討論這樣一個他們非常喜歡的例子，這是個想像出來的例子，但它與我們越來越多地陷入其中的那種生活還是有聯繫的。試想一下，一個人死了,他的大腦被取出來,然後把他的大腦放在一個專門特製的盒子裡,接通各種電源。大腦裡儲存了這個人一生中所積累的全部信息,比如關於他自己,關於周圍的人和事等等方面的信息。通過各種技術手段,對大腦神經末梢進行作用,於是這個人(大腦)會覺得,他還活著。當然,做這個實驗的人,是心術不正的學者。學者對這個人大腦的作用在其身上引起一種感覺,似乎他還活著,甚至還有活動,在他身上發生著一些事情。但是,實際上他這個人已經不存在了。他所感覺到的東西,在事實上是不存在的。但是,他自己無法在這裡作出區分。這是個非常值得探討的問題。

在當今技術化的世界裡,在人身上到底發生了什麼事情?人可以發明這樣的技術,信息和交往手段,借助於它們可以製造新的現實(實在)。我們不僅僅生活在以前就生活在其中的那個世界裡,而且我們也生活在自己製造的世界裡。這個新世界與以前的世界不同,這是個完全新的世界。然而,哲學問題依然還是以前的那些,無論如何沒有消失,反而變得更加尖銳了。

前面提到了知識的問題。柏拉圖就討論過知識與信仰的問題。知識是能夠獲得論證的。在這裡，可以回答，你為什麼這樣認為。在信仰領域裡，無法回答"為什麼"這個問題，因為只是你覺得如此，可能有一些依據，但是很不充分，很不嚴肅。知識必然是真理，你可以對其進行論證。信仰的對象有時候可能是真的，比如說，你信某個東西，很可能它的確是真的，但無法排除另外一種可能，即它是假的。這裡缺乏確實性、可靠性，沒有把握。關於這一點，應該說，還是比較清楚的。但是，當涉及到現代情況時，問題就比以前更加複雜和混亂了。如何論證你的論斷，即論證你知道點什麼東西？你可以說，我看見了。如果有人懷疑，就讓他自己去看吧。或者，可以從我所看見的事情裡作出結論，比如我看看窗外，看到屋頂上是潮濕的，於是我斷定，剛剛下過雨。我完全依靠自己的經驗和理性就可以作出這個判斷。如果一個學者打算建立自己的理論，比如關於世界是如何構造的理論，他依靠科學實驗，借助於這些實驗，他可以獲得一些事實。他對這些事實進行思考、概括，在此基礎上作出一些結論，比如關於這些事實之間的關係的論斷，並在此基礎上建立自己的理論。如果他從自己的同事那裡獲得某個事實，那麼他可以對同事的事實進行檢驗，這也很容易。因為他自己可以親自重新做實驗，檢驗同事所提供的事實。因此，在這裡，完全可以依靠自己的力量，依靠自己的理性，依靠自己的感覺器官，對自己的知識進行驗證，把知識與信仰區別開。

現在我們看看現代科學，有時候也稱為大科學，這是由大批科學家來研究的，甚至成百上千的專家來做的。在他們之間存在著勞動分工，一些人專門做實驗，另外一些人從事理論工作。每個專家或每組專家發表自己的成果，比如在雜誌上發表文章。其他專家可以利用這些文章，用於自己的研究。在這裡，作為科學家，我無法親自驗證從其他專家那裡獲得的材料和成果。因為假如我開始對所有這些成果進行驗證和檢驗的話，那麼我就無法從事自己的工作，沒有時間了，時間都花費在驗證和檢驗別人的結論上去了。怎麼辦呢？只好相信其他人所獲得的這些成果。如果另外這個人是個嚴肅的學者，我就應該相信他，因為我無法不斷地檢驗他的成果，只好把它們當作信仰的對象，因此我應該相信他。假如我不相信他的話，那麼我就無法知道任何東西。在這裡，完全依靠自己的力量是不可能的。

以前有一些偉大的哲學家們在談到認識和科學時說，科學不承認任何權威，只承認理性和感覺器官的權威。但是，今天的科學家可以不依賴權威嗎？不可以。如果一個學者是權威學者，那麼你就應該相信他，他必然會說真的東西，而不會亂說。這就是現代科學活動的基礎。這個方針是正確的。否則的話，今天的科學研究是不可能的。

儘管這個方針是正確的，但有時候也可能不管用，或者不會導致所需要的結果。這個方針有時候甚至被濫用的，用於不正當目的。幾年前，兩位獲得過諾貝爾獎的英國科學家打算開個玩笑。他倆合作寫了一篇文章，其中所寫的內容完全是無稽之談。他們把這篇文章投到英國一個流行的科普雜誌，編輯讀完文章發現，這篇文章的內容是無稽之談，怎麼能這樣寫文章呢？但是，編輯部的其他人說，作者是諾貝爾獎獲得者，他們不能在自己的文章裡胡說八道，是我們不理解而已。結果，這篇文章發表了。後來，文章作者給編輯部去信承認，他們只想開個玩笑。

這是現代生活中的一個例子。在科學裡也會有這樣的情況，受人尊敬的科學家，甚至是諾貝爾獎獲得者，也許是因為他病了，也許是其他原因，總之他可能會寫一些無稽之談。儘管他享有權威，如果他不斷地胡說八道，那麼人們逐漸地就會明白過來，不再相信他。所以，在科學裡有一些機制或規則，借助於它們可以解決這樣的問題，在哪些情況下可以相信哪些人，把哪些人當作權威，在哪些情況下不能這樣做。所以，如果有人濫用自己的權威，那麼以後就不會有人再相信他，他就會喪失自己的權威。

但是，在我們生活的其他領域，相信誰，不相信誰，這個問題解決起來比較複雜。這是個哲學問題，也是個社會問題。在我們這個時代，相信某些人是必要的，如果你誰都不相信，那麼就無法做任何事情。問題是相信的標準是什麼，誰值得相信，誰不值得相信。在大眾傳媒領域裡，比如，在報紙、電視、網絡裡，可能會有很多虛假信息，那麼，哪些信息可以相信，哪些信息不能相信，這個問題在這裡變得極其複雜。

如果以前哲學認為知識是一個東西，信仰是另外一個東西，那麼，在今天就無法這樣清楚地、嚴格地把它們區分開了。在通常情況下，如果我相信什麼，如果我的信仰不是極端的、瘋狂的和無意義的，那麼它也是有一定依據的，這不是知識，但畢竟有一定的依據和基礎。比如，我相信，一周後，天氣會變好。你會問我為什麼相信這一點。我回答說：我是從天氣預報裡知道的。但是，天氣預報可能有誤差，可能是錯的。因此，我不能說，我準確地知道這個結果，我只是相信這個預報結果。我相信一周後是好天氣，但是我也有一定的依據，而不僅僅是相信。這就是所謂的理性的信仰，合理性的信仰。這樣的信仰不是知識，但有一定的依據和基礎。當然，也有瘋狂的、極端的信仰。比如有這樣的情況，一個人爬到窗臺上，說我現在揮動手臂就可以飛，於是就頭朝下飛下去了。這就是一種瘋狂的信仰。我相信一周後會有好天氣，這是理性的信仰，合理的信仰。我這樣相信，是因為是畢竟知道點東西。然而，在今天，情況不同了。通常說我知道，因為我相信。比如，有一次我聽到一個哲學家的報告，題目是"我知道，因為我相信一個值得相信的人"。這又是一個例子，可以說明古老的、永恆的哲學問題在今天可能會變得非常現代的，儘管不像幾百年前那樣討論，但問題本身沒有發生變化。因此，這既是古老的永恆問題，也是現代的新問題。

一方面，哲學似乎總是探討同樣的一些問題，但是，另外一方面，這些問題每次都會獲得具體化，獲得特殊的形式，這依賴於問題是在什麼處境下討論的。

我們討論古老的哲學問題如何變得現實的。前面我們討論了意志自由問題。這個問題也出現在新的形式裡，新的背景下。在我自己的決定裡，我是否是自由的，我是否可以自由地採取自己的決定？看上去，這是個非常顯而易見的事實。我是自由的，比如我決定舉手，於是我就舉手了。在這裡，我們不去涉及更為複雜的情況。但是，這個問題已經討論了幾百年。有這樣的意見，認為人有意志自由，自己決定做什麼，並為此負責。另外一些人反對這個意見，認為人的任何行為都由某種原因決定，如果不是外在的原因，那麼也是內在的原因，比如在他的大腦裡發生了什麼事情，等等。在這裡，我打算探討一個今天廣泛爭論的話題，這個爭論是由認知科學研究領域裡所獲得的一些新成果導致的。

大約在三十年前，一批從事研究人的認識問題的各領域專家和學者決定聯合自己的力量，成立一個統一的學科，或者是一個運動，這是一個跨學科的運動，他們稱之為認知科學。這些專家來自于心理學領域，認知語言學領域，神經科學領域（研究人的大腦神經過程的科學），還有人工智能領域。在今天，這是個強大的運動，已經存在了三十年，獲得了發展，出版成百上千種雜誌，幾百種著作，經常舉辦學術會議和研討會，這個運動已經推廣到全世界。哲學家也參與到這個運動中來，因為這裡出現了大量的哲學問題，我在這裡指出最近一些年裡非常積極地在談論的一個問題，即自由意志。

幾年前，有位科學家做了個實驗。比如說，我想舉手，我產生了這樣的一個願望，於是我舉起手。我的願望是個心理過程，它作用於物理過程。在大腦裡發生一個過程，發出指令，手就舉起來了。我的意識決定我的身體，身體服從我的意識的指令。我決定舉手，手就舉起來了。我們都看到這個現象了。舉手的這個人也意識到這一點。做實驗的這個科學家似乎發現這樣一個事實，他把一個儀器與大腦連在一起，與負責舉手的那塊肌肉連在一起。這位科學家發現，在人產生舉手的願望之前，即在有意識的願望產生之前，在大腦裡已經發生一個過程，它在準備這個舉手的願望。就是說，人的意識遲於大腦裡所發生的過程。當然，這個實驗還需要檢驗，因為實驗結果需要一定的檢驗。假如說，這個實驗是正確的，那麼，就不存在任何自由意志了。我想舉手，這個願望遲於另外一個機制，它已經開始了。只是後來我才意識到這個願望，即有意識的願望。就是說，不是我決定我的身體如何活動，而是身體，在身體內部發生的過程決定我應該去意識什麼，願望什麼。

我舉這個例子，並不是說我同意這個實驗的結果和解釋。我認為，存在著意志的自由。這個實驗可以按照另外的方式來理解。我舉這個例子的目的是想要展示，由於現代科學領域裡所獲得的新材料，這個古老的永恆的哲學問題現在又在討論。

在這裡，我還想指出現代認識發展中的一個特點。科學早就產生和發展了，但是到不久前，科學始終研究人之外的自然界，包括有生命的自然界和無生命的自然界，研究其中運動的物體，行星的運行，提出一些有關宇宙產生的假說，後來又研究生命，研究它是如何產生和發展的，研究各類物種的出現，建立了生物進化論，在這方面，科學取得了巨大的成功。隨著數學的發展，又開始建立數學模型，從數學角度來解釋這些現象。但是，現在，最近幾十年，科學發展經歷一個新的階段，在哲學的發展中也出現了新的階段，出現這樣一些問題，它們以前沒有獲得這種新形式下的研究。如果以前科學只研究自然界，那麼現代科學越來越多地關注人，開始研究人自身。這裡說的是人的遺傳系統，大腦和神經系統的活動，心理活動，等等。於是，研究人的這些科學也面臨著關於人與世界的關係問題。以前科學家們不討論這些哲學問題，但哲學家們始終都在討論它們。現在，它們已經成為專門科學領域的專家們研究和討論的對象了。

我說過，哲學家們一直在研究意識問題，什麼是意識，以及世界與人的意識的關係，意識應該具有的特殊質的問題。我可以在世界上活動，面對這個世界，很有可能，我對它沒有意識，或者沒有關於它的徹底的、清楚的意識。意識是個非常複雜的現象。比如說，我每天去學校，走的是同一個路線，沿著同樣幾條街道。當我去學校的時候，我知道自己的目的。但是，我對周圍的事物可能認識得非常不好，比如，周圍的樓房等，我每天從它們旁邊經過，但我幾乎沒有發現它們，它們似乎從我的意識裡溜掉了。因此，意識是人的一種特殊的質。

有一個哲學家，他認為意識是這樣一種東西，它把人與所有其他事物區別開來。他舉例說，前面有張桌子,我看到它。但是,這張桌子事實上很可能不存在。至於我看到了它,也許這只是我的錯覺,也許是個什麼神奇的東西或是魔法師對我產生作用的結果。就像剛才我們的例子中對人的大腦進行實驗的那個惡毒的科學家,他對那個大腦進行作用,於是在大腦裡產生一些錯覺,出現了實際上並不存在的東西。或者我是在做夢,夢見我站在一張桌子前面,而事實上我是在睡覺,僅此而已。所以,你可以對這張桌子是否存在進行懷疑。但是,你不能懷疑,你現在正在懷疑。我可以意識到,我在懷疑。這就是笛卡爾的問題。在他之後,還有很多人探討過這個問題,有哲學家,有心理學家。

當認知科學研究剛剛開始的時候,就是我剛才提到的那些研究,很多研究者提出一個任務,要理解認識過程是如何發生的,借助於科學手段理解,什麼是意識。目前,什麼是意識,這個問題是哲學和認知科學裡最積極地探討的問題之一。這也是個非常複雜的問題。如果以前認為,借助於認知科學,可以理解什麼是意識,比如在20年前就是如此,那麼現在越來越多的研究者得出結論說,理解什麼是意識,這是不可能的。關於意識,這是個事實,意識是存在的,沒有人否定這個事實。因為我們都在對事物進行意識，但是，意識是如何發生的，它為什麼與認知機制有關係，這是無法理解的。

在這裡，圍繞著什麼是意識的問題，有兩個主要的立場。一個立場認為，意識就是幻想，就像自由意志是幻想一樣。事實上只有這樣一些過程，可以借助於電腦，通過人工智能模型對它們進行描述，僅此而已，不再有其他的東西了，比如意識之類。另外一些人認為，意識是存在的，這是特殊的事實，特殊的實在，用任何方法都無法理解這種實在，它只能自己意識自己。他們認為，為了理解人的意識是如何產生的，就需要假定，在自然界裡存在著意識，或者存在著類似於意識的東西，而且，在人之前它就存在了。這種看法就是哲學裡早就存在的"物活論（гилозоизм）"觀念，曾經是個非常流行的觀念，認為自然界是有靈魂的。那時，人們的確認為，萬物都是活的，後來這個觀念被拋棄了，被認為是古代的神話遺產，古代遺跡，甚至談論這樣的東西都是不體面的。然而，現在又開始討論這樣的問題了。

總之，哲學問題在數量上並沒有減少，而是在增加，它們越來越多。這些問題關涉到對宇宙、世界和自然界的理解問題。在物理學、化學、生物學和數學裡也有很多哲學問題。從20世紀初開始，這些哲學問題就獲得了積極的討論。上述科學領域裡的專家們和哲學家們一起探討它們，比如數學家和物理學家，他們對這些哲學問題也感興趣。

最近二、三十年，哲學領域討論的最突出的問題都與人有關，即什麼是人，什麼是意識，什麼是我，什麼是意志自由，等等。這些問題不僅僅涉及到專門知識領域裡的專家，而且關係到很多人。因為我們是誰，我是誰，什麼是意識，這些問題涉及到每個人。與此相關的還有一個情況，現代科學、技術的研究，不僅僅在制定世界圖景，或者提供關於人的知識，而且還要提供一些具有實踐性質的建議。現在的科學關聯到一定的技術，技術要對現實進行改變，這裡的現實包括人自身。比如研究大腦的科學，研究心理過程的科學，研究認識的科學，可以提供，而且的確在提供對人產生一定作用的方法，以便改變人，改變他的大腦、意識和心理，製造另外一個人，在他們看來，這是更加完善的人。

實際上，在現代科學和技術成就的基礎上，完全可以這樣做，關鍵是有沒有個界限和限度。這些界限是由兩個情況來決定。一個情況是,我們能夠改變什麼,什麼東西是我們不能改變的。就是說,我們要改變的對象可以允許哪些改變,不允許哪些改變。第二個情況是,如果對象允許某種改變,那麼這種改變是否需要,比如說從道德角度看是否需要。所以,有些時候改變是可以做到的,但卻是不需要的。這就是我們這個時代的一個問題,這裡不做展開,因為在下一章裡我們會專門地詳細討論它。這個問題涉及到人的本質問題,在人身上什麼東西是可以改變的,什麼東西是不能改變的,這裡有個限度,即不能讓他不再是人,不能讓他變成另外某種東西。

所以,在一定意義上,哲學總是在研究同樣的一些古老問題。與此同時,這些問題每一次都是按照新的方式提出和討論。它們構成一個一般的框架,類似於一個空間,在這個空間裡可以擺放不同的圖片、圖形和內容。所以,哲學與任何其他一門學科都不相像。每門具體科學只研究屬自己領域的狹小的一組問題,解決了一些問題後,又出現另外一些新問題。哲學則不斷地返回到同樣的問題上去,但每次都考慮到人類積累下來的經驗,包括在科學、文化和人自身等領域裡積累下來的經驗。儘管人與世界的關係方面的問題始終是一樣的，但是，我們生活在其中的世界是不斷變化的，人關於這個世界的觀念也會發生變化，科學在發展，知識在發展，人自身也在改變，他關於自己的觀念也會發生變化，所以，這些古老的問題始終存在，但是每次都按照新的方式產生。

在此，我還想指出一個主題，哲學始終都與之有關，今天也是如此。我說過，隨著科學認識的發展，隨著科學的發展，哲學裡有很多觀念都發生了變化，比如關於世界的觀念，關於知識的觀念，關於人的觀念，等等。但是，科學在研究自己的世界，這個世界與普通人居住於其中的那個世界是很遙遠的。比如數學，作為第一個數學學科的幾何學研究三角形、圓形、線、點等等，但是，人並不生活在點、線和圓的世界裡。原子物理學研究原子、電子、中子等基本粒子，但是人並不生活在基本粒子的世界裡，他生活在包圍著他的那個普通的世界裡。人生活在世界裡，這裡有樹木、岩石、空氣、水、房屋、其他人等等，這才是我們生活在其中的世界，而不是原子和電子的世界，後者離人是很遙遠的。

最有趣的是，當人們建立了這些理論的時候，他們明白，這些科學理論的對象與人生活於其中的世界不但不同,而且是矛盾的。比如數學裡有點,點沒有部分和尺寸,直線只有長度而沒有寬度。那麼,我們在生活中能看到沒有尺寸的點和沒有寬度的線嗎?在我們的現實經驗裡,這些東西都是不存在的。在我們生活於其中的世界裡,不可能有這樣的東西。物理學裡有原子,但是在我們的經驗裡,也沒有給定這樣的東西,這是看不見,聽不到,摸不到的東西。物理學裡假定的這些東西似乎是在我們的經驗之外。17世紀,當古典科學產生的時候,它的一個公設就是,如果不對一個物體施加任何外力,那麼,該物體或者靜止,或者永遠是作勻速直線運動。但是,你在生活中,看到過類似的現象了嗎?在日常經驗裡,如果一個物體不受任何外力,那麼它就會靜止的。因此,我們知道,不對物體施加外力,它就會靜止的,不可能運動,更不會永恆地勻速直線運動,在經驗裡不可能有這樣的現象。

哲學的任務之一就是要在人生活於其中的普通世界與科學向我們所描繪的那個非一般的世界之間架起橋樑。兩個世界之間有一定的聯繫,哲學家提供自己的解決方案。如果找不到這樣的橋樑,那麼人就會分裂,成為病態的,得精神分裂症。哲學家們始終在解決這個問題。當今的哲學也在解決這樣的問題，即如何協調科學技術所製造的那個世界與至今人們生活於其中的那個普通的世界。因為科學和技術所製造的世界對人生活於其中的世界構成了威脅，這不但涉及到對科學感興趣的人，而且也涉及到僅僅生活在普通世界裡的人。因為這個新的世界，技術化的世界已經入侵到普通世界裡。

所以我認為，現代哲學的任務之一就是為人類的生存創造條件，使人去掌握這個新世界，讓人們知道，應該如何對待這個由現代科學和技術所提供的新世界，應該接受什麼，拒絕什麼，什麼東西是可以改變和需要改變的，什麼東西需要保留的，以便人依然是人。這是極其重要的問題，是人自己的命運問題。在這個意義上，哲學在今天的作用遠比以前所發揮的作用大。

現在，我們返回到哲學基本問題上來。根據我的理解，哲學解決的最主要問題是人和世界的關係問題。我們知道，恩格斯曾經說過，全部哲學的基本問題是思維和存在的關係問題。在這兩個論斷之間，並不存在矛盾。恩格斯提出的這個論點是很重要的。他把哲學的基本問題分成兩個部分。第一個部分是關於意識和物質的關係問題，意識產生了物質還是物質產生了意識。第二個部分是意識能否認識外部世界。恩格斯認為，唯物主義者對這兩個問題都給出了確定的答案，即物質過程在先，它們是第一性的，然後產生了意識。問題的第二個部分是關於意識能否準確地認識外部世界。恩格斯的回答是肯定的。唯物主義者認為，意識可以認識外部世界，外部世界是可認識的。這就是恩格斯的觀點。但是，我們的觀點不但不是對恩格斯論點的否定，而且還是對它的擴展。恩格斯主要是在起源的意義上提出問題，什麼從什麼裡產生，是意識產生於存在，產生於物質，還是物質產生於意識，再加上一個問題就是世界是不是可以被認識的。就哲學基本問題而言，恩格斯只區分出問題的這兩個方面。我對這個論點的重要補充就在於，意識不僅僅能夠認識外部世界，在這一點上，我同意恩格斯的觀點。意識也不僅僅產生於物質的歷史發展過程。除此之外，借助於意識，人可以作用於外部世界，並改變這個世界，這是個相反的過程，擁有意識的人可以改變外部世界，人不僅僅存在於這個世界裡。

為了使得意識能夠從物質裡產生，首先物質應該產生有生命的自然界，以便產生人，產生有大腦的人。沒有人,沒有大腦,當然就不可能有意識。意識就是這個發展過程的結果。與此同時,意識不是簡單地就能夠從大腦自身中產生的,還需要人的活動,人在世界中的活動。人作用於外部世界,改變這個世界。如果不考慮人的活動,就無法理解意識的產生。人的活動需要有人的身體的參與,因此,這是個整體的人。不能把人的意識與人分開。只是考慮到意識與世界的關係,就顯得比較狹窄了。因此,我是在更寬泛的意義上理解問題。恩格斯的論點是正確的,但應該在更為寬泛的意義上去理解。

在蘇聯時期,有個非常著名的哲學家,心理學家,姓魯賓施坦(Рубинштейн С.Л.,1889-1960)。他有兩本書,一本書是五十年前出版的,書名是《存在與意識》(1957年),另外一本書很晚才出版,已經是在他去世之後了,大致是在1985年才完整地出版,書名是《人與世界》。在後一本書中他承認,在前一本書裡他表述得不夠清楚,企圖把意識僅僅與存在進行對照。但是,為了理解意識是如何與存在相關的,還需要人,要通過人來理解,人是存在的部分,同時也是意識的載體。因此,必須討論人與世界的關係問題,這也是哲學的基本問題。

意識問題的確很值得認真研究。在俄羅斯科學院哲學研究所裡有一個專門研究意識的中心，經常舉辦研討會。我們的哲學家和心理學家、生理學家們，以及人工智能方面的專家們一起討論意識問題。這類問題目前引起了越來越多的關注。我認為，這是整個現代哲學發展過程中的一個重要階段。

總之，哲學是非常古老的學科，它比任何其他任何一門學科都古老，但是，它也是一門經常更新的學科，因此，它同時也是一門年輕的學科，它經常面臨新的問題，這些問題在這種新形式上以前未曾獲得討論。

第二章 自然科學與關於人的科學整合是可能的嗎？

今天，科學在人的生活裡發揮著越來越重要的作用。有人說，人類正走向信息文明，也有人說是知識文明。在這個文明裡，在這個全世界範圍內都在建立的新類型的社會裡，知識的生產、傳播和利用發揮著越來越大的作用，尤其是科學知識。人的命運與科學的命運相關，這種聯繫比以前更加密切。科學裡發生什麼事情，人就會發生什麼事情。

現代科學向哪裡發展？這種發展對人將會產生什麼樣的影響？這是當代世界學術界積極的探討問題。

一般而言，在科學產生之前，在人們開始從事科學研究之前，人關於世界，關於自己已經知道了很多東西。在沒有任何科學的情況下，人就知道非常多的東西，現在也是如此。在中小學裡，我們都學過物理學、數學。但是，在這之前，我們就知道了很多很多東西。有些學者認為，人們關於世界和人的基礎知識，大約有四分之三都是在五歲之前獲得的，換言之，這些基礎知識都是在學前時期獲得的。我們的所有活動，全部生活都以知識為基礎，如果不知道我們行為的結果，那麼我們就不會做任何事情。比如，人人都知道，可以在大地上行走，但在水上就不能走。如果我們看到一輛公共汽車，看到它馬上就要開了，那麼我們就會加快腳步，甚至要跑幾步，以便趕上它。因為我們知道，如果快速走，就可以趕上車，如果走得過慢，可能就趕不上。我們知道如何與人相處，如果對某個人很瞭解，比如我們的一個熟人或朋友，當我們與他談話的時候，大致知道從他那裡可以獲得什麼，儘管不能準確地知道他對我們問題的答案，但是我們大致會知道的。我們完全可以在不從事任何科學研究的情況下，很好地瞭解其他人，知道如何與他們相處。

有這樣的人，根本不從事科學研究，但卻非常出色地與人交往，知道與什麼人怎麼相處。相比而言，科學是一種特殊類型的知識，科學獲得知識，為我們提供知識，借助於科學可以知道很多東西，而且，這種知識通過任何其他途徑都無法獲得。科學是獲得知識的一種專業化的活動，特殊的活動。在生活的其他情況下，我們可以通過自己的活動獲得知識。

比如我們與人交往,或者接觸某些物品,在這個世界上改變一些東西,在這個過程中,我們獲得一定的知識,一定的經驗,如什麼東西是什麼樣的,某些人是什麼類型的人。但是,科學是這樣一種活動,它的目的就是為了獲得知識,因此這是一種特殊類型的活動。借助於科學,我們瞭解到原子的結構如何,物體之間是如何相互作用的,宇宙的結構如何。通過一般的途徑,我們無法獲得這些知識。只有科學才能為我們提供這樣的知識,這是一種特殊類型的知識。

科學到底是什麼時候產生的?圍繞這個問題發生一些爭論。有些學者認為,在歐洲,科學在古希臘就產生了,至少在古希臘就存在數學,是以幾何學的形式存在的。但是,大多數學者認為,關於自然界的科學,實驗科學,即以實驗為基礎的科學,是很晚才出現的,具體地說,在17世紀的西歐產生。最早產生的是力學,它研究物體的機械運動,物體相互作用的規律,最後形成理論,而且,這些規律和理論是在數學的幫助下得以建立的,按照數學的方式建立起來的。

那麼,這個特殊類型知識的意義何在呢?如果我知道物體之間的相互作用服從一定的規律,那麼一旦掌握了這個規律，我就可以預測某個物體的狀態。如果我知道物體的質量，然後對該物體施加一個外力，那麼根據力學規律，這個物體就會獲得一定的加速度。知道了這個加速度之後，我就可以計算出這個物體在一定的時刻會處在其運行軌跡上的某一點。就是說，如果我知道物體運動的規律，那麼就可以預測物體未來的狀況。我們可以預測太陽系行星運動的狀況，即某個星體在某個時刻會處在什麼位置上，人們已經多次準確地預測過了。對於一門大炮也是如此，如果我們知道炮彈的質量，知道發射的力量，那麼我們就可以計算出這個炮彈運行的軌跡。知道了力學定理後，我們就可以計算出衛星是如何飛行的。比如我們製造人造地球衛星，根據力學定律，就可以算出它的運行軌跡，圍繞地球運行的軌道。我們可以計算出各種航天儀器運行的軌跡和軌道。

換言之，知道了自然界的規律之後（這裡指的是力學的規律），就可以預測未來的情況，製造一定的技術裝置，借助於這種裝置來影響一些狀況。我們可以製造人所需要的情境，因此人可以控制周圍環境，控制自然界。當現代科學，即實驗科學被建立起來的時候，那是在17和18世紀的歐洲，這個科學的很多建立者們,以及對科學進行思考的哲學家們都認為,由科學和科學知識武裝起來的人們,以此為基礎(即知道自然界的規律),能夠預測未來現象。於是,人們就可以控制自然界的過程,最終,人就可以成為自然界的主人。換言之,人不再依賴於自然界,相反,成為自然界的主人。

在科學的基礎上(特別是18和19世紀發展起來的經典力學),人們取得了很多成果。我們說過,如果知道了支配大物體運動的那些規律,就可以對其運動作出預測。比如在19世紀,一個天文學家觀察太陽系裡的行星運動。他非常熟悉力學和物理學,物體相互作用的規律,比如萬有引力定律。他曾做過這樣的預測:根據力學的規律,他所觀察的那顆行星不應該像他觀察的那樣運行。如果該行星這樣運行,事實上就是這樣運行的,那麼就表明與它並列存在另外一個行星。儘管當時人們並沒有看到這顆行星,但它應該存在。它在吸引和影響這位天文學家所觀察的那顆行星的運動,使之按照他所看到的方式運行。當時,周圍的人對他說,根本沒有任何其他行星,因為他們用大型望遠鏡觀察了,但是什麼都沒有看到。這個天文學家就說,沒有觀察到,可能是因為你們沒有好好觀察，需要進一步觀測。過了十年，果然找到了那顆行星。這就是海王星，它是由法國天文學家勒維耶在1846年根據物理學定律"推算"出來的。他預測到了這顆行星，因為他知道自然界的規律。

在現代科學的基礎上，借助于現代科學，製造出技術工具和儀器，建立了強大的技術體系。從17世紀開始，歐洲文明，歐洲人的生活就與各種類型的技術聯繫在一起，因此有時候這個文明也被稱為技術文明，技術化的文明。在科學的基礎上製造出各種機器，比如火車、飛機、輪船、汽車等，建立了發電站，包括原子能發電站和水電站等等。一般而言，我們周圍的全部技術都是在借助於科學所獲得的知識的基礎上建立起來的。科學知識在不斷地積累，在科學知識基礎上可以獲得越來越新的技術。於是，人們就有一些夢想，比如，由科學和技術武裝起來的人將成為自然界的主人，等等。然而，這些夢想並沒有實現。原來，要想成為自然界的主人，需要非常好地瞭解自然界，包括它的全部細節。事實上，人對自然界的瞭解很不充分，卻過於自信地認為借助於已有的知識就可以隨意地處置自然界。結果就導致了目前正在討論的所謂的生態危機（現在我不去涉及生態危機問題，後面的章節還會涉及到這個問題）。我們在此關注的是某些人的這樣一個企圖，就是仿照自然科學和技術，嘗試建立一門科學，它不是與對自然界的研究有關，而是與對人的研究有關。

這裡的想法似乎很模糊，但也很簡單。借助於對支配自然界過程的規律的知識，我們可以預測這些過程，控制它們，改變和影響自然界，讓自然界對人更加有利，為人的利益服務。那麼，針對人，是否也可以這樣做？我們知道，人與人之間的關係經常是"不合理的"，模糊和混亂的，其中有很多不可理解的東西。假如像自然科學那樣，把人與人之間的這些關係變得更加合理，那麼，人們的生活肯定會更加輕鬆。所以，在18世紀，特別是在19世紀，曾有過一系列嘗試，建立關於社會和人的科學，使之類似於自然科學，讓關於社會和人的科學也制定出一些規律，讓人與人之間的關係服從這些規律。針對人和社會，在這些規律的基礎上，作出一些預測，如同科學家們針對自然界的規律所做的那樣。當時就出現了這樣一些科學的學科，比如心理學在19世紀末成了實驗科學，在世界各國出現了心理學的實驗室，在這些實驗室裡，借助於精確的方法研究人的心理過程，為此還製造出專門的儀器。其次，出現了經濟學說，關於經濟體制的學說，有一大批人開始建立理論，用於分析經濟過程，嘗試找到經濟過程的規律。此外，在19世紀，還出現了這樣的學科，如社會學。法國人孔德就認為可以建立關於社會的科學，研究社會過程的規律，這門學科就叫社會學。還有關於歷史的科學，就是描述和研究人類歷史的科學。我們知道，作為對歷史事件進行描述的科學，歷史學早就存在了。但是，在19世紀，出現了這樣的嘗試，即把歷史學建立在科學的基礎上。這樣，歷史學家不但描述事件，而且能夠回答，為什麼會發生某事件，其原因在哪裡。

但是，在20世紀，情況發生了變化。這時出現一大批哲學家和科學家，他們開始提出這樣一個想法，即關於自然界的科學和關於人的科學之間是沒有相似之處的。在關於人的科學裡無法制定針對自然過程所制定的那些規律，也不可能作出針對自然界裡的過程所作的那種預測。於是就出現這樣的建議，當我們談關於人的科學時，應該完全在另外的意義上理解科學，而不是在關於自然界的科學的意義上。或者，針對研究人的科學，不能用"科學"這個詞。這個建議也體現在很多語言裡。比如在英語裡，當說到"科學"的時候,用science這個詞,專門指關於自然界的科學。當涉及到對人以及與人和社會有關的東西的研究時,就不用science,而是用humanites,人文科學,這似乎已經不再是科學,而是一種特殊類型的研究。與此有關,人們又找出一些證據,它們可以讓我們確信,對自然界的研究是一碼事,對人以及與人有關的一切的研究完全是另外一碼事。

現在我們考察把關於自然界的科學與關於人的科學嚴格對立起來的人所提出的證據,然後對這些證據進行回應,看看它們在多大程度上是正確的。

為了弄明白我要說的東西,先說出我的想法,事實上,在關於自然界的科學和關於人的科學之間沒有任何原則的區分,也不存在這樣的嚴格區分。為了更好地論證我的這個想法,我嘗試先分析一下那些不同意我的觀點的人的證據。然後我去展示,這些證據為什麼是不合理、不嚴肅的。問題甚至不在於這兩種類型的科學之間沒有原則性的差別,問題在於,關於自然界的科學和關於人的科學現在越來越接近,它們之間的相互聯繫和作用越來越密切。這種情況以前是沒有的,只是在最近十幾年裡才出現的。但是,這並不意味著將要產生一個統一的科學,科學依然會有很多，現在有很多科學，以後還會有更多的科學。這裡說的是另外一個問題，即科學之間的相互區別在於研究對象的不同，還有其他方面的不同，但是，科學研究的方法越來越接近，越來越趨向於統一。19世紀40年代，馬克思就曾經說過：在未來，不再有單獨的關於自然界的科學和關於人的科學，那將是一種統一的研究，其關注的中心是人。現在我們看到一個有趣的現象，就是這個預言正在實現。我還是先列舉這樣一些人的證據，他們（現在依然有這樣的人，而且為數不少）認為，關於自然界的科學和關於人的科學在原則上是有區別的，這種原則主要就表現在方法上。我列舉他們的這些證據，目的是搞清楚，我與之爭論的東西是什麼，然後我會同這些證據進行爭論。

　　第一類證據。關於自然界的科學首先關注的是制定普遍規律，比如力學、物理學、化學、生物學就是如此。在力學裡，針對物體運動制定普遍規律，這些規律針對任何物體。當制定出這樣的規律時，我們不關注具體哪些物體服從這些規律。當需要利用這些規律時，比如計算從大炮裡射出的炮彈的運動軌跡時，只要我們知道炮彈的尺寸和質量，以及加給它的力，即把具體的量（參數）放到普遍的公式裡，就可以計算出結果來。科學自身,力學自身制定普遍規律,只是在具體運用時,我們才考慮所研究的具體物體的特點。在化學裡也是如此,在這裡,我們感興趣的是普遍的化學反應規律。在生物學裡,我們感興趣的是物種演化的普遍規律,這些規律針對任何生物的物種。比如,當時達爾文制定的那些規律,自然選擇和生存競爭等。

但是,針對關於人的科學,我們感興趣的完全是另外的東西。比如一個歷史學家,他研究第二次世界大戰的歷史。那麼,他感興趣的是這場戰爭在什麼時候發生,在哪些國家裡發生,哪些人,哪些政治家參與了這些戰事,戰爭的開始與哪些事件有關,為什麼某個人在那個時刻作出了那樣一種決定,等等。這位歷史學家在描述具體的人的行為,這些人相互之間是不相像的。在某個國家和地區裡發生的事情,與在其他國家和地區裡發生的事情是不一樣的。歷史學家所關注的是絕無僅有的事件,絕無僅有的人,個體的人,不可重複的人,而不是普遍的規律。

比如,有一個眾所周知的事實,在蘇聯與法西斯德國的戰爭開始前夕,當時蘇聯領導人斯大林在6月初就從蘇聯間諜那裡獲得信息,說德國人要在1941

年6月22日攻打蘇聯。斯大林知道了這個信息,但是,他沒有採取任何行動。為什麼?並不十分清楚。關於這一點,歷史學家們還在猜測。但這個事實自身是非常重要的。需要理解,這樣的事實是如何可能的。斯大林為什麼這樣行事,看來是有其原因的。這是個具體的人的行為,我國的命運就依賴於他,因此他的這個行為就顯得非常重要。因為斯大林沒有發佈任何命令,所以我們的軍隊沒有任何準備。對德國人的進攻,我們的軍隊沒有準備好。結果是,在這場戰爭的開始,蘇聯軍隊敗退了。假如我們的軍隊提前做好準備,那麼我們就會對德國人的進攻作出還擊,戰爭就會按照另外的方式進行。但是,我們沒有作出這樣的準備,因為斯大林沒有任何指令。那麼,他為什麼這樣做呢?要知道,他並不愚蠢。可以在很多事情上指責他,但是,不能說他是個不理性的活動家。因此,這裡肯定是有原因的。這個原因是什麼?正是這個具體的事件導致了巨大的後果,這個事件也有其具體的原因。歷史學家感興趣的不是普遍的規律,而是這個具體事件,與其他事件不同的,有自己的具體原因的事件。這就是歷史學家的任務。

在這種情況下,歷史學家解決的任務與自然科學家所解決的任務不同。自然科學家研究自然界的過程,嘗試制定普遍規律,他們感興趣的就是這些規律,而不是某個具體物體在給定的具體時刻的狀況。社會學家也一樣,他們經常對社會意見進行研究,搞社會調查,向居民發放問卷,在問卷的基礎上,作出結論,多少人,多大年齡,就某個問題持什麼樣的意見。這裡的意見就是生活在某個地區某個地方的,某個年齡段的人們的意見,其他人,比如其他年齡段的人,就這個問題會有另外的意見。此外,這個地區和這個年齡段的人的意見恰好是在這個時間,因為過一年之後,他們的意見可能會變化的,就是說,這個意見與具體的時間、具體地點、具體的人有關,這不是普遍的規律。

那些堅持自然科學,即關於自然界的科學和關於人的科學相互之間是完全不同的人,正是在這些論述的基礎上作出結論說,實際上,研究自然界過程的科學家和研究人的學者,他們的任務是不同的,所使用的研究方法也是不同的。

第二類證據。如果我知道自然界過程所服從的那些規律,如前所述,那麼我就可以準確地預測外力對某物體的作用會產生什麼樣的結果。如果我知道某物體所處的初始狀態，知道支配物體移動和運動的普遍規律，那麼我就可以計算出該物體在某個時刻應該處在空間的某一點上。當然，有時候在實踐上並不那麼容易計算，但是，自然科學家們認為，原則上說，這是可能的。比如，在打檯球時，如果我給球一個力，它就會滾動。它怎麼滾動呢？向哪個方向滾動呢？用指頭去計算，這可能是很難的。因為要想算出球的運行軌跡，需要知道球的質量，需要知道球桿與球接觸的點，以及檯球與桌面的摩擦力等。但是，如果這一切我都能知道的話，那麼我就可以精確地計算出檯球到底如何滾動。無論在什麼情況下，只要球滾動，我就可以在一定程度上預測它的落點。這在理論上是完全可能的，是沒有問題的。

現在我們試想一下，你在觀察一幫人，其中一個人推了一下另外一個人，那麼，你能預測後者如何反應嗎？這個人可以按照不同的方式對此作出反應，你無法提前預判他的反應。比如，他可能也推那個人一下，因為你推我了，我也推你。但是，假如他是個很有禮貌的人，可能就問一句，你為什麼推我？你該向我道歉。或者，他乾脆就躲到另外一個地方，不理會那個推他的人。就是說，這個人的行為有很多可能性,他可以選擇其中的一種,他有選擇的自由。在任何處境下,一個人都有不同的行為方式,可以這樣,也可以那樣。如果你推動檯球,那麼,你不能說,檯球可以滾動,也可以不滾動,因為它必然要滾動,而且按照一定的軌跡滾動。但是,一個被推的人,則有不同的反應方式。因此,預測另外一個人的行為,這是很難的。

此外,還有這樣的情況,一個人處在非常的情況之中,這是他從未遇到過的情況。他可能對自己的行為感到驚訝,他自己的行為對他而言甚至也是不可預測的。他可以作出自己根本想像不到的行為,別人就更難以猜測了。因此,人是個特殊的存在物,與非人的物體不同,人有自由意志,有選擇的自由,(在同一個處境裡)他們可以按照不同的方式行動。所以,如果認為關於人的科學與關於自然界的科學是一樣的,比如,可以準確地預測另外一個人的行為,因此可以控制他的行為,支配他,這是不可能的。這就是堅持關於自然界的科學和關於人的科學之間有原則差別的人們的第二類證據。

當一個事件發生後,你可以對它作出解釋,解釋這個人在該事件中為什麼會有這樣的行事,這已經是在事後了。但是，要提前預測這個人要如何行為，有時候的確是很難的。比如，你看到一個人怎麼推了另外一個人，被推的人沒有還擊，直接離開了。如果這個被推的人是你的朋友，那麼你可以問他，為什麼沒有還擊，就直接離開了？你的這個熟人說，我不想打架，我是個有禮貌的人，最好離這種人遠一點。這樣，他對你作出解釋，他為什麼採取了這樣的行為。但是，在這之前，你不知道這個結果，也無法提前預測他選擇離開的這個行為。在這種情況下，很難預測，也許根本就無法預測。但是，在事件發生之後，可以對事件作出解釋，為什麼會有這樣的結果。

然而，在自然科學裡就不能有這樣的事情。如果你不能對某個受到一定外力作用的物體的運行軌跡作出預測，而且你還說自己在從事科學研究，那麼，人們就會對你說，你不是科學家。如果你不能預測任何東西，只是在事件發生之後才向我們作出解釋，那麼你作的事情就不是科學研究。

第三類證據。當我研究某個物體時發現，如果它受到一定的外力，那麼它就會運動。假如我知道力學規律，知道該物體的基本特徵，比如該物體的質量，外力的大小，那麼我就可以計算出它運行的軌跡。而且，物體運動的軌跡不會因為我對這些東西的瞭解而發生變化。在這裡發生的過程不依賴於我對這一切是否知道。原子的運動不會因為我對原子的認識而發生改變，原子依然會按照原子物理的規律運動。

但是，當一個人認識到自己的一些特點，瞭解到自己在其中的那個處境，那麼這個處境可能會發生改變的，他自己也會發生改變，成為另外一個人。

心理學理論中就有這樣一個例子，這是所謂的心理分析領域。心理分析理論的支持者認為，很多人身上都有一系列令人不快的心理表現，其原因是在這些人的心理層面發生一些他們沒有意識到的過程。因為這些過程是人們所沒有意識到的，他們也意識不到自己有心理疾病，不理解這些疾病，對它們也沒有概念，然而，它們卻體現在人們的生活裡，而且是以非常令人不快的方式體現。心理分析學家們把這些人身上出現的這種疾病稱為神經官能症。

這時，如果出現一個心理醫生，借助于這個醫生，病人開始意識到他在自己身上至今沒有意識到的東西，對自己未曾意識到的過程和問題有了意識。這是個逐漸地展開的複雜過程，需要很多時間。但是，這種意識的結果是,他的心理疾病可以被治好。病人對自己有了明確意識,他就成為另外一個人了。

換言之,這個病人獲得了關於自己的知識,借助於這種知識,他改變了自己。在這裡,對客體的知識將改變這個客體自身。但是,針對自然界的過程,就沒有任何類似的現象發生。

還有一個例子,它可以說明這個思想。比如,在莫斯科有個私人銀行,儲戶把錢存入這家銀行。這時,隨便什麼地方,有些人聚在一起,或者是開一個會議。會上有個財經方面的專家發言,他說,我非常熟悉莫斯科的財經狀況,比如莫斯科的那家私人銀行,它的財經狀況非常糟糕,兩天以後它就會倒閉。他這是在預測未來的事件,和那些研究自然界過程的科學家們做的事情是一樣的。這個經濟學家的預測是:兩天后,這家銀行將要倒閉。過了兩天,這家銀行真的倒閉了。

那麼請問,這個經濟學家真的預見到了這個情況,還是有其他可能呢?其實,這裡沒有任何預測和預見,事實上發生的完全是另外一個情況。當他在這次會議上說那家銀行的情況糟糕時,在參加會議人當中,很多人把自己的錢存入這家銀行了。會後,他們就給同樣把錢存入這家銀行的自己的熟人打電話,通報說這家銀行的情況很糟糕。一傳十十傳百,於是,所有知道消息的人都去銀行把錢取出來,結果銀行就倒閉了。假如說這個專家不去做這樣的聲明,或者說參加會議的那些人沒有相信他的話,那麼,銀行可能不會倒閉,因為它當時的狀況可能是非常不錯的。因此,這裡發生了同樣的事情,即對處境的知識將改變處境自身。這種情況只針對人以及與人有關的事件,在自然界裡不可能有這樣的現象發生。即使檯球知道力學規律,那麼它依然會按常規滾動,即服從這些規律,而不可能有另外的行為。

這就是關於自然界過程的知識和關於與人有關的社會過程的知識之間的差別。那些支持這兩類科學之間有原則差別的人由此就作出結論說,這個差別實際上是非常大的,而且這兩類科學之間永遠也不會有什麼相似之處。人是個特殊的存在物,不同於自然界裡的任何其他東西,因為人有意識,意志自由,選擇的自由,他遵循自己的意識,而他的意識和知識影響著他的行為。人的特點就在於他的絕無僅有性和與其他人的不同。人生活在歷史裡,在歷史裡發生的是不可重複的事件和過程，正是這一點最吸引人。因此，對人的研究，以及對與人有關的事情的研究，與對自然界過程的研究是不同的。

現在我嘗試推翻這些證據。前面我已經把這些意見都表述出來了，即第一類、第二類和第三類證據。現在我想針對每一類證據提出自己的反面證據，即表明事實上並不是這樣。我承認，在關於自然界的科學和關於人的科學之間有差別，但這個差別不是原則性的。此外，研究自然界過程的科學家與研究社會過程和人的過程的學者越來越接近，反之亦然，即歷史學家、經濟學家和社會學家越來越多地運用類似於關於自然界的科學所使用的方法。

我們從第一類證據開始。這類證據說，那些研究人的學者，比如研究歷史的人，他們感興趣的是個別的過程。那些研究自然界過程的科學家感興趣的是普遍規律。事實上，研究個別人和歷史上個別過程的歷史學家，他也離不開一般的規律性。當你要回答涉及到某個具體的人的問題時，比如伊萬·伊萬諾維奇·伊萬諾夫，這是個具體的人，與其他人不同的人，如果你要想瞭解他的一些情況，那麼，你能瞭解到他的什麼情況呢？你可以瞭解到，這個伊萬諾夫生活在俄羅斯，莫斯科市，但是在莫斯科有很多人居住，在俄羅斯就更多了，而且可能還有很多人也叫伊萬·伊萬諾維奇·伊萬諾夫。我們要瞭解的這個伊萬諾夫說，他在某個時候曾經在某所學校裡學習過，但是在那個時候，曾經有很多人也在這所學校裡學習過。他又說在某個時候自己去過某地，但是在這個地方，當時還有很多其他人。所以，無論關於這個人你能夠說出什麼，他的任何標誌都不會是他自己獨有的，這個標誌肯定會涉及到其他人。因此，你要想瞭解某個具體的人，那麼，總是要把他與其他人聯繫在一起。沒有其他方法來認識他。

歷史學家也不僅僅是在描繪事件，他還在嘗試回答，為什麼某個人在某個時刻是這樣行事的，為什麼採取了這樣的決定。比如，為什麼斯大林在1941年的6月沒有採取任何行動，儘管他從我國派往各國的間諜那裡獲得了德國人將在6月22日進攻蘇聯的信息。不同的歷史學家對這個問題有不同的答案，圍繞這個問題是有爭論的。有一個答案是這樣的，儘管斯大林掌握了關於戰爭要開始的信息，但他有自己對待當時處境的觀念，關於處境的圖景。根據這個圖景，他認為，不能採取任何警告性的行動。因為在他看來,我們軍隊任何針對未來戰爭的準備性質的行動,都可能會挑動德國軍隊更早地發動戰爭。

斯大林這樣想和這樣做,是否正確呢?這是另外一個問題。很可能,他是不正確的。但這至少是一種解釋,說明他當時為什麼這樣行事。如果我們對這個問題給出這樣一種答案和解釋,那麼我們不能不承認,如果在斯大林的位置上是另外一個人,叫另外一個名字,如果關於當時的處境,他擁有和斯大林一樣的觀念,那麼,這個人也會和斯大林一樣行事。因此,這不是作為個體的斯大林的特點,任何一個人都有這樣的特點,如果他關於現實(當時的處境)擁有同樣的觀念,而且也處在同樣的位置上,那麼,他也會這樣行事的。至於說為什麼他們擁有這樣的觀念,完全可以擁有不同的觀念,這是另外一個問題。無論如何,只要擁有同樣的觀念,結局就會是一樣的。

但是,歷史學家們不但嘗試理解和解釋個別人的行為,而且還嘗試理解為什麼在歷史上發生了這樣或那樣的事件。比如在17世紀的法國出現了非常艱難的經濟狀況。這是個具體的事件,它出現在一個具體的國家裡,出現在一定的時間裡。有一個歷史學家就嘗試理解,為什麼發生這樣的情況?在研究了當時的情況後，他得出結論說，這是個很簡單的事情，國家印發了太多的錢，錢多引起通貨膨脹。當時，紙幣剛剛出現，以前在西歐沒有紙幣。那時候，人們可能不知道，如果錢太多的話，就會引起通貨膨脹。但是，現在我們知道這個道理。既然我們知道經濟體制運作的機制，那麼就可以利用這個知識解釋17世紀法國出現的那個絕無僅有的事件，否則的話，無法理解和解釋這個事件。理解這個事件只能依靠一般的知識，沒有其他方法。

假如你不具備關於社會機構運作機制的一般知識，比如經濟關係運作的機制，那麼就很難理解歷史上發生的很多事件。所以，歷史學家並不是僅僅在描述個別的歷史事件，有些歷史學家也在制定一般的理論。原來，為了理解歷史，理解其中的絕無僅有的事件，也需要具備一般的理論知識。今天的歷史學家越來越多地使用經濟統計學，以及數學的方法。

現在我舉一個把數學應用於歷史研究的例子。對數學的這種類型的應用越來越普遍。在俄羅斯，不久前開始出版一本雜誌叫《數學與歷史》。我們有個學者，他不是歷史學家，而是數學物理學家，研究西歐人口增長的歷史材料。他獲得了一批歷史材料，即在某個地區，某個時候有多少人，在另外一個時候，人口是多少，這些材料涉及到幾百年的時間。在這一研究的基礎上，他提出了一些關於居民數量增長的數學規律。最終形成一個專門的學科，即所謂的人口學，它專門研究居民人口問題。我本人很熟悉這個學者。他就是俄羅斯著名物理學家彼得·列昂尼德維奇·卡皮察（Пётр Леонидович Капица, 1894-1984）院士的兒子，叫謝爾蓋·彼得羅維奇·卡皮察（Сергей Петрович Капица, 1928-2012），我們稱之為小卡皮察。在我們俄羅斯科學院有一個研究所，叫應用數學研究所。這個研究所裡的學者和小卡皮察一起正在研究所謂的數學歷史學。這在以前也是不可能的，因為人們認為，歷史學與精確科學之間沒有任何共性，更不用說與數學之間了。

這就是第一類證據。在我看來，把關於研究個別事件的科學，比如歷史學和社會學等，與制定普遍規律的科學對立起來，這是不合理的。因為這兩類科學是相互聯繫的。為了研究個別事件，尤其是理解這樣的事件為什麼能夠發生，沒有一般的知識是不行的。順便指出，那些制定了有關居民人口增長規律的人，即用數學方法描繪人口增長的人，認為他們不但可以解釋過去歷史上發生的事件,而且這些規律還可以預測未來的人口增長趨勢。這是非常令人驚訝的,因為歷史學家至今沒有能夠做這樣的預測,他們覺得自己研究的是過去的事情,至於預測未來,那是非常複雜的。然而,借助於已經制定的一些規律,歷史學家也可以做一些預測。偉大的德國哲學家黑格爾當時曾經說過,歷史學能夠教導我們的是,它不能教導任何人任何東西。他指的是,借助於對過去歷史的研究,無法作出針對未來的任何預測。但是,實際上是可以的,哪怕是在某些情況下,比如我前面舉的那個有關小卡皮察和其他人的例子。

現在看第二類證據。我重複一下這個證據的內容。在研究自然界過程時,自然科學可以作出預測,而且是非常精確的預測。針對關於人的科學,針對人的行為而言,就不能作出這樣的預測。

然而,我認為,並非如此。針對你不熟悉的人,對他的行為進行預測的確很困難。但是,如果你熟悉他,那麼針對他的行為作出預測是可以的。如果我熟悉一個人,和他談話,那麼,我大致能夠猜測到他對我的問題給出的答覆,儘管我無法精確地預測,因為他可能給出一個意外的答覆。但是,我大致還是能夠猜出來。假如說他的未來行為對我而言完全是無法預料的,那麼我就不會和他相處的。因此,我不能精確地預測,但有些東西還是可以預測的。

如果說對個別人的行為,尤其是你不熟悉的人的行為作出預測有一定難度,那麼針對一批人,對整個這一批人的某些行為作出某些預測是可以的,如果你知道他們的價值觀,瞭解他們所堅持的意見。社會學家就在做這樣的事情。比如,在此基礎上,可以對人們在選舉中如何投票作出預測。我們的社會學家們一直在研究這個問題。他們瞭解去投票的人們的需求。比如當我們舉行總統選舉或議會選舉時,可以大致預測出多少比例的選民如何投票。社會學家們這樣做,而且很多預測獲得了驗證。因此,如果提前知道這些預測的可能性,知道如何引導人們的意見,那麼就可以作出一定的預測,並採取適當措施對人們的行為施加一定的影響。在心理學等學科裡,有人研究廣告對人們的影響,比如在電視、報紙上的那些廣告,當人們讀到或聽到廣告性質的信息時,他們如何反應。因此,就可以利用特定類型的廣告對人們產生影響。

對龐大的社會體系在比較長的時間範圍內的行

為作出預測是非常困難的，但還是可以建立一些可能的行為方案，比如提供三、四個方案。社會體系可能按照為數不多的有限的這幾個方案中的某個方案運行，而不是隨便按照任何一個方案運行。

有這樣的意見，說在關於自然界的科學裡，在任何情況下都可以作出絕對精確的預測，在今天看來這個說法顯然是不正確的。在這個意義上，關於自然界的科學與關於社會的科學遠比以前想像的要近得多。現在我們清楚，關於自然界的科學不僅僅是在分析個別物體的運動，而是經常研究所謂的複雜組織系統，其中包含大量的客體。當構成複雜系統的這些元素非常多的時候，那麼，對其中每個元素的行為進行預測是很難的，有時候是不可能的。然而，卻可以對整個系統自身作出預測。這樣複雜的組織系統不但在社會裡有，在有生命的自然界裡也有，在無生命的自然界裡也有。整個自然界實際上就是由這樣的系統構成的。此外，這樣的系統有不同的發展階段，在各階段之間，系統處在轉折點上，這時，系統從一個狀態向另外一個狀態過渡，即從一個發展階段向另外一個發展階段過渡。這個轉折點是很難預測的。不過，可以就此建立幾個可能的發展（過渡）方案，系統自身要選擇哪個方案,這是無法提前預測的。

為此,我想提及一個重要事件,這就是一場與英國哲學家卡爾·波普爾有關的爭論。他是著名的科學哲學家,寫過有關科學的著作,他有自己關於科學的理論。與此同時,他也是馬克思主義的批評者。他企圖證明馬克思的理論絕對不是科學的。波普爾認為,關於社會的任何科學都是不可能的,因為不存在任何關於社會的規律。他有個想法,而且,不僅僅是他有這個想法,當時其他一些哲學家也都認同這樣的想法,只不過他最清楚地將其表達出來。波普爾認為,當我們認識某個過程時,總有兩套程序,這就是預測的程序和解釋的程序。在他看來,這兩個程序是相互聯繫著的,如果我們不會預測,那麼我們實際上也不會解釋。他舉這樣一個例子。如果我在研究物理學和力學,知道力學規律,如果我還知道初始條件,比如物體的質量以及加給它的外力,那麼在這些規律的基礎上就可以預測,在某個時候,該物體會出現在空間的某一點上,如上面我們曾經說過的那樣。如果我能夠預測,那麼我就能夠解釋,就是回答這樣的問題:為什麼這個物體在這個時刻處在這個位置上。我之所以能夠回答,是因為我知道力學定律,又知道關於這個物體的一些初始條件。回答為什麼的問題，我必須借助於一般定律，還要知道該物體的初始條件。波普爾又提到一個情況，你在研究一個物體，它目前處在空間的某個點上，如果問你，為什麼它會處在這個點上，你可以對此作出解釋，但如果再繼續問你，能否對它的未來作出預測，在某個時候它應該在哪裡。如果你說，我不能預測。那麼，波普爾就說，你不是科學家，你只能解釋，但不能預測任何東西，這叫什麼科學呢？

波普爾企圖表明，一般的社會科學，包括馬克思主義，就是這種類型的偽科學。因為它們能夠解釋一切，但卻不能預測任何東西。波普爾注意到這樣一個情況，馬克思曾經預測，在整個世界上，在所有國家裡，早晚都會發生社會主義革命。但是，革命只發生在為數不多的國家裡，當時在蘇聯發生了這樣的革命，但是在其他國家並沒有發生。當有人問馬克思主義者，為什麼革命沒有在美國、英國和德國發生，他們解釋說，因為那裡的條件不成熟，等等，所以，革命在那裡會遲到地發生。但是，如果繼續問，在這些國家裡，到底什麼時候發生革命？他們就會說，我們無法預測。所以，波普爾說，這不是科學，既然你們只能解釋,卻不能預測。因此,對這樣的東西就不能嚴肅對待。

我的意見是,波普爾的這些論點是不正確的。因為解釋和預測之間的關係遠比波普爾想的要複雜得多。這不僅僅針對關於人和社會的科學,針對自然科學也是如此。針對自然界的過程,可以知道一般的規律,這是對的,因為這是知識,但有時候很難作出預測。當事件發生之後,對它作出解釋,那將是科學的解釋。我們知道,很難精確地預測什麼時候在什麼地方會發生地震,至少目前科學無法這樣做。可以大致地確定世界上的某些地區是地震危險地帶,但是地震在哪個時刻發生,無法作出準確的預測。我們擁有這樣的理論,它們可以解釋為什麼發生地震,比如地殼之間相互撞擊,其結果就產生地震。當某個地方發生了地震,我們可以解釋,在那裡地殼發生了運動,相互撞擊導致地震。那麼為什麼不能提前預測呢?為了作出預測,如我們在物理學裡看到的那樣,除了要知道一般的規律之外,還要知道具體的初始條件。比如,要解釋某物體為什麼是這樣運動的,光知道一般的力學定律是不夠的,還要知道這個物體的特徵,它的質量,所受到的外力的大小,否則就無法預測物體將如何運動。針對地震，我們知道地殼之間相互作用的規律，但它們的初始條件是無法知道的。只有在地震發生之後，我們才能瞭解到這些初始條件，那時我們才能解釋，為什麼在某個時刻在某個地方會發生地震。

不過，這個情況並沒有什麼特殊之處，在我們的日常生活裡也會出現這樣的情況。下面我們就看一個日常生活中的例子。試想一下，我進入一個房間，裡面有把椅子，我坐上去，結果摔倒了，因為椅子的腿斷掉了。我沒有辦法預見到這個情況，如果我提前知道會發生這樣的情況，我不會坐的。只是在摔倒之後，我拿起椅子看看，發現椅子的一條腿爛掉了。假如我事先知道這把椅子有條腿爛掉了，我會明白，如果坐上去的話，就會摔倒的。遺憾的是，我事先不知道。當事情發生了，我找到了解釋，而且這個解釋是很合理的，不是亂說的。針對某些社會現象也是如此，很難作出精確的預測，但是，當這些現象發生了，可以對它們作出解釋。這裡沒有任何科學的東西。

我說過，針對未來可以提出各種預測，各種發展方案，在哪些情況下會發生哪種方案，這是可以做到的，儘管很難精確地預測到底哪個方案會獲得實現。這種情況在自然科學裡也有。

在對自然界的現代理解中，有一個有趣的事實。在這裡，對自然界的理解與對社會的理解也是接近的。在對自然界的現代理解中，原來，並不是一切都那麼順利，這裡也有一種與社會科學的類似之處。人們說，在自然界裡發揮作用的是一般規律，在社會裡，我們感興趣的是個別事件。但是，今天關於自然界的科學越來越多地研究絕無僅有的系統，它們與任何其他系統都不同。隨著在世界上出現了生態問題，整個地球上的生態問題引起了所有科學家和所有善於思考的人的興趣。這個情況如何可能的呢？在地球上都有哪些生態系統呢？如何才能讓生態危機不至於發展成為無法挽回的過程，對人類構成災難性威脅的過程呢？為此就要研究這些生態過程，而且要借助於自然科學的方法。地球是絕無僅有的星球，它與任何其他星球都不同。現代科學對這個絕無僅有的客體很感興趣。另外一個絕無僅有的客體就是我們的宇宙，人們在建立理論，說明宇宙是如何產生的，如何發展的。關於這一點有很多不同的理論，但這是個絕無僅有的客體。也有一種意見認為，存在著幾個這樣的宇宙。但這是另外一個問題，也在探討。不管怎麼說，我們的宇宙是絕無僅有的。它在某個時刻產生了，有其自己的發展歷程。

另外還有一個觀點，在自然科學家中間越來越流行。我說過，我不認同這樣一個意見，即關於自然界的科學針對一般的規律，關於人的科學針對絕無僅有的、不可重複的事件。人生活在歷史中，在歷史中發生的事件是不可重複的。今天越來越流行的一個觀點是，整個宇宙也是歷史客體，歷史過程。演化過程也波及到整個宇宙。就是說，在歷史裡存在的不僅僅是人和人類社會，不僅僅在自然界裡有各類物種產生和發展，關於這一點我們是知道的，而且所有其他過程也是演化的，也是發展的。比如化學定律，它們始終存在嗎？很多人認為，化學定律並非始終存在，這些定律出現在這樣的時候，即在宇宙演化過程中，原子組合成為分子，只有分子才服從化學定律。當分子未出現的時候，化學定律也不存在。後來出現了生命，出現了生物學定律，在生命出現之前，生物學定律也是不存在的。再後來出現了人和社會，這時就產生了社會規律。所有針對世界的普遍規律，包括針對自然界的普遍規律，也是在歷史上產生的，在一定的發展階段上出現的。

最後我們看看第三類證據，就是關於人和社會的知識可以改變社會處境，我曾經用銀行倒閉等例子來說明這個問題。我所舉的例子只能說明一點，如果某種意見被表達出來，如果這個意見被人們相信，那麼它就可以在事實上改變處境。這種情況之所以發生，是因為人們不僅僅接受這個知識，而且還要依據這種知識改變現實。但是，也有這樣的情況，知識原則上不能改變任何東西，包括人關於自己的知識。比如，一個被關在監獄裡的人，他知道自己被判蹲監獄25年。但是，他不能因為自己知道這一點而改變什麼，他得蹲上25年。或者一個人瞭解到自己得了非常嚴重的病，但願別出現這樣的情況。然而，他無法改變這個處境，他當然可以去治療，帶著病接著生活，但原則上，他無法改變任何東西。這也是沒辦法的。就是說，有這樣的一些社會現實，它們不依賴於人。當然，當人知道了後，可能對處境有所改善，但在原則上，他無法改變任何東西。比如說，一個經濟學家知道，如果印刷的錢太多，就會發生通貨膨脹。但是，他不能這樣以為，似乎他知道了這個道理，就隨便多印錢，就不會發生通貨膨脹了。實際上，這是不可能的。因此，無論他是否印錢，都無法超越社會裡存在的規則、調節機制和依賴性。

因此，在關於自然界的科學和關於人的科學之間不存在原則上的差別。最主要的是，這些科學越來越接近。原因很簡單，關於人和社會的科學開始越來越精確地理解人和社會裡發生的過程，這種精確的理解使得關於人和社會的科學與關於自然界的科學更加接近了。原來，自然界與人生中的事件並沒有太大的差別。另外一方面，關於人和社會的科學越來越多地使用關於自然界過程的知識，用得最多的是數學，嘗試精確地制定人文社會科學知識，甚至作出預測。而且，這些預測有時候是非常成功的。這種預測是如此的成功，甚至可以在技術上影響人們的行為。所以，在兩類科學之間，不存在所謂的鴻溝。

最後，我想指出這樣一個現象，就是在三十年前開始出現的一場大規模運動，其名稱是認知科學。這是借助于聯合各門不同科學的努力來研究人的認識和心理過程，研究人的意識過程的嘗試。在這些科學中，有些是自然科學，有些屬關於人的科學，它們在聯合。有一門科學是心理學，它研究人的心理過程。原來，人的心理過程，人的意識與自然界裡存在的東西完全是不同的。今天我們有這樣一門科學,即認知心理學,它使用數學方法,利用從人工智能研究中拿來的模型,借助於這些模型嘗試研究人的心理過程。

或者另外一門新學科,即神經語言學。語言學針對的是人的語言,一直被認為是人文科學。現代語言學一方面與數學非常接近,另一方面,所謂神經語言學嘗試分析神經和大腦的過程,它們和語言的使用有關。神經生理學科學始終在研究大腦,這都是自然科學。今天,這些關於大腦的科學中間,有很多科學得出這樣的結論,理解大腦的活動只有在下面的情況下才有可能,即如果我們能理解,大腦加工通過感覺器官獲得的來自外部世界的信息,但是,加工這些信息要按照一定的規則進行,大腦工作是通過一定語言來實現的。有一種語言是我們用來說話的,另外,還有大腦的語言,大腦擁有自己的語言,這種語言我們並不清楚,但是大腦就在用這種語言。因此,可以根據語言工作的方式來理解大腦的工作。就是說,自然科學也開始從語言學裡借用一些形象,即從人文科學裡借用形象。大腦就用這套語言,用一套人所使用的邏輯思考方式。我們知道,邏輯學始終是哲學的一個部分,它研究推理的方法,研究人是如何推理的。因此，要搞清楚大腦是如何工作的，就要用到邏輯學。

因此，我想表達一個非常重要的論斷，有自然界的過程，有與人相關的過程，那麼它們之間有什麼差別呢？自然界裡的過程和現象都服從因果關係，每個現象都有自己的原因。人的活動不是以因果關係為基礎的，儘管人也受到外部因果關係的制約。但是，他的行動遵循一定的規則和規範。規範與因果關係不是一個東西。比如邏輯規則，我說，所有的人都是有死的，伊萬是人，那麼我就應該作出結論，伊萬是要死的，和所有其他人一樣。這就是邏輯規則，不能違反。比如，我說所有的人都是有死的，伊萬是人，如果我由此作出結論說，伊萬不會死的，而是永生的，那麼我就違反了邏輯規則。人不但在推理中使用邏輯規則，如前面這個例子。但是，在人的生活中也有規則和規範，比如倫理規範，國家法律，都是需要服從的。只有這樣，人們才把你當作是社會中的一個成員。如果你違反這些規則和規範，那麼你就不能被接受為該社會的成員。當然，人可能遵循這些規範，也可能不遵循它們。通常情況下，人們是遵循這些規範的，儘管有時候也違反它們。然而，自然界裡的因果關係是不能違反的，有原因，必然會出現結果。這也成了那些堅持關於自然界的科學是一個東西，關於人的科學是另外一個東西的人的證據，因為在關於自然界的科學裡發揮作用的是因果關係，但是在關於人的科學裡主要是規範。關於自然界的科學研究存在的東西，關於人的科學研究應該的東西，人需要如何行事，應該如何行事。

在認知科學裡，比如在研究大腦的科學裡，這些現代科學學科作出結論，說在大腦裡有神經，它們之間的相互作用服從因果關係和依賴關係，一個神經對另外一個神經發生作用，這個作用是通過信號傳遞發生的，這裡遵循的就是因果關係，一個神經作用於另外一個神經，喚起它的發出一定行為，後者再對其他神經發揮作用，等等。因此，在大腦裡發生的神經過程服從因果關係。與此同時，大腦的工作也服從規範，大腦也在使用語言和邏輯，大腦也要考慮到語言和邏輯的規則。這樣，在大腦的工作中，兩種方式之間不是相互排斥的，而是相互聯繫的。

今天，研究大腦活動和心理活動的認知科學也在使用心理學和數學的材料，以及人工智能，語言學，關於神經系統的科學等。認知科學是關於自然界的科學和關於人的科學的新的整合。在這裡，自然科學和人文科學之間發生著非常強烈的相互作用。

在上一章裡我提到，最近幾年在我們俄羅斯科學院哲學研究所有個定期舉行的"意識哲學"討論會，經常組織報告會，參加者有來自各專業的學者，比如哲學家，神經生理學家，心理學家，語言學家和數學家等等。這是我們學術生活中的新現象，以前未曾有過，它表明，關於自然界的科學和關於人的科學越來越接近。但這不意味著所有的科學相互之間消失在對方裡，最後形成一門統一的科學，我認為，這種情況是不會發生的。因為關於自然界的科學也是不同的，有物理學，有生物學，它們之間就有差別，它們在方法上有很多差別。研究地球表面的地質學是另外一門科學，儘管也是自然科。關於社會的科學也是如此，有歷史學，心理學，經濟學等等，它們之間也是有差別的。但是，現在已經清楚了，這些學科之間在方法上沒有原則差別，它們之間越來越接近，越來越相互作用。

馬克思說，關於自然界的科學和關於人的科學將會越來越密切地接近，他甚至預言，全部這些學科的中心是關於人的科學。看來，馬克思這個預言正在實現。

今天，自然科學的代表去找哲學家，請求與他們一起探討哲學問題，這些哲學問題產生於科學家們的自然科學研究。不久前，著名生物學家，俄羅斯科學院院士斯克裡亞賓（К.Г. Скрябин）來到我們哲學研究所做了一個報告，談的是人的基因組密碼的破譯問題。基因組是負責遺傳的所有基因的總體。這樣的基因有很多，我記不清有多少，大概有上百萬個。20年前，在俄羅斯和美國等國家曾經投入巨大資金破譯人的基因組密碼，企圖搞清楚基因組是由哪些基因構成的。大批學者在這個領域工作，破譯基因密碼。這個工作耗時很多年，耗費很多精力。就在幾年前，人的基因組被破譯了。現在科學家們已經知道，人的基因組是由哪些基因構成的，已經搞清楚了人的基因系統。科學可以為每個人製造其基因卡，每個人都有自己獨特的基因系統，可以對其進行破譯。這個工作在以前是很昂貴的，也需要花費很多的時間，在這方面曾經投資幾十億的美元。那麼現在，斯克裡亞賓院士告訴我們，大約再過兩年，每個人都將擁有自己精確的基因卡，可以在一個月之內作出來，只需一千美元就可以，而且還會越來越便宜，越來越快。現在去醫院，抽血驗血，這些程序目前做得很快，幾天之內就可以作出來。同樣,在不久的將來,甚至幾年後,我們的基因卡就可以如此輕鬆地作出來。

由此就產生一個問題,這一切對人意味著什麼,對他的未來,他的命運而言,這意味著什麼?一方面,看上去出現了大量的可能性,而且是好的可能性,但是另一方面,也出現了新的危險性,這樣的危險性以前是沒有的。當我們知道某個人的基因卡時,不但可以知道他曾經得過什麼病,現在有什麼病,而且在不遠的將來他要得什麼病。試想一下,有個人知道了你的基因卡,他可以用於自己的目的,損害你的利益。另外,可以對這個基因卡進行重新編排,用一些基因替代另外一些基因。而且,可以在一個人還在母體中的時候,對其基因進行改變,對他的基因系統進行影響,實際上這是在製造一定類型的人。這樣就製造出了完全新的客體。斯克裡亞賓院士說,這就需要人文科學的參與,需要人文科學領域的專家,比如說哲學家,他們應該告訴我們,在這種情況下,應該怎麼辦,如何利用這一切可能性,使之不給人帶來害處,而是帶來好處。

在這裡,我談了自然科學,關於自然界的科學在幾百年裡的成功發展,我們也提到,這些成就是非常巨大的，在這些成就的基礎上製造了龐大的技術。然而，卻出現了另外的結果。人們曾經希望征服自然界，按照自己的意願隨便改變自然界，但是，他們現在所面臨的是生態災難。人類對自然界的改變已經達到這樣的地步，他們開始消滅自己。存在著這樣一種危險，關於人的新知識，包括對人的認知能力的認識，對人的基因過程的認識，也可能用於危害人，不是讓人提升到新的發展階段，變得更加完善的，反而歪曲自己的某些過程，使人退化。

總之，在此基礎上，我們可以作出這樣的結論：如果以前關於自然界的科學和關於人的科學似乎是相互獨立地發展的，那麼現在情況發生了變化。以前人們以為，可以研究自然界，在此基礎上發展技術，而且，由此可以對自然界進行巨大的改變，人們就是這樣做的。然而，針對人，就不能這樣做，因為人與其他一切自然現象都不同。今天，關於自然界的科學和關於人的科學越來越接近，相互之間在發生作用，一方面，這個過程是積極的，為認識提供了巨大可能性，但另外一方面，這個過程也能導致新的危險。這樣就出現了以前未曾有過的問題，就是我們現在討論的問題。

我們要探討的最後一個問題是關於社會科學。有很多方法把人文科學和社會科學區別開來。但是，我在這裡沒有把它們分開，而是把它們拉近了。

有一種意見認為，應該把社會科學與人文科學區別開，這個意見在20世紀初是非常流行的，著名德國哲學家狄爾泰就曾表達過這個意見。他認為，人文科學首先從事分析心理過程。在自然科學裡，主要關注的是解釋，就是解釋為什麼發生這樣的過程。人文科學主要關注的是理解。對狄爾泰來說，理解和解釋是不同的東西。解釋就要求建立規律和理論，它們可以解釋自然科學所研究的過程。理解另外一個人，這是人文科學研究的對象。為了理解另外一個人，僅僅需要理解他的心理狀態，深入他的生活，這裡不需要任何解釋，我就可以理解為什麼他這樣行事。這裡也不需要形成理論、規律，只要深入他的生活就可以理解他，即理解他為什麼會有這樣的行為。狄爾泰把歷史學、語言學、文化科學歸結到人文科學。他認為，當歷史學家嘗試解釋生活在過去的歷史活動家的行為時，他在嘗試設身處地地理解這個歷史活動家，理解其動機，就是用這位歷史活動家的目光看問題。歷史學家嘗試理解人們的行為，同時也要理解以前留下來的文本,理解文本作者要說的東西。根據這個理解,人文科學主要是理解另外一個人,這就是心理學、歷史學。這些學科與對文本的分析有關,比如文藝學、文學史和文學理論等等,都是人文學科。此外,法學也是人文學科,因為法學與對法律的解釋有關。法律就是寫出來的文本,需要理解法律的意義,對其進行解釋,這也是人文學科。

因此,根據狄爾泰的觀點,人文學科嘗試理解另外一個人的心理生活,對文本進行分析。他認為,社會學不是人文科學,因為社會學分析社會建制、機構和團體,分析這些團體和機構服從的那些機制。這裡有一些機制需要研究,但它們與文本分析無關,也不需要理解其他人的心理生活。社會學和經濟科學都不是人文科學,它們是社會科學。

下面我就簡單談談人文科學與社會科學的關係。我認為,現在所發生的不僅僅是關於自然界的科學與關於人的科學的接近,而且人文科學與社會科學也在相互接近。關於人文科學與社會科學的嚴格區分,這個意見在今天也是不成立的,站不住腳了。

狄爾泰關於人文科學與社會科學的嚴格劃分的

觀點，在今天就是不成立的。根據狄爾泰的觀點，今天，歷史學家在嘗試研究特定歷史人物的行為，因此他不僅僅應該深入歷史人物的內心生活，理解他們的體驗，此外，歷史學家不能不利用社會科學的材料，比如經濟學、人口學，甚至還需要一些數學上的計算，如上文中提到的那樣。

狄爾泰還有一點是不對的，他認為，如果在關於自然界的科學裡（在他看來，在社會科學裡也是如此），為了解釋事實，需要揭示出某種規律性，搜集很多事實，然後提出理論，但是在人文科學裡，不需要這些東西，我只要看看這個人就可以嘗試理解其行為的意義，理解他所寫的東西的意義，這裡不需要解釋，只需要理解就可以了。

在這裡，狄爾泰也是不正確的。試想一下，我生活在一個給定的社會團體裡，生活在一定的文化裡，經常與給定的人群交往，那麼我就很容易理解，為什麼某個人這樣行事。這裡不需要提供複雜的解釋，只根據經驗就可以判斷一個人為什麼這樣行事，比如他有一定的動機，在他看來，這樣行事是很重要的，此外他對我們生活於其中的處境有概念圖景，他也知道需要遵循的行為規範。針對這個人，我能夠作出相應的判斷，因為我也生活在這個文化氛圍裡，和他一樣，擁有同樣的世界圖景，也知道這些規範，我都不用專門談論和思考這些規範，因為對我而言，它們是顯而易見的。因此，為了理解另外一個人，知道他的動機就足夠了，就可以知道，他為什麼這樣做，其出發點是什麼。如果他是我的熟人，我很容易理解他，立即就可以判斷，他為什麼這樣行事。如果我對他不太熟悉，那麼問題就複雜些，但是，經過對他的觀察，我還是可以大致猜到他有哪些動機，甚至我可以設身處地，把自己想像成他，於是我就可以理解和判斷，他為什麼作出這樣的行為。

下面我們再想像另外一個處境，一個現代人，是個文化學家和人類學家，這已經屬人文科學了，他研究一個居住在遙遠非洲的某個民族的文化，這個文化不同於我們熟悉的所有其他文化。作為人文科學的學者，這位文化人類學家嘗試理解，這裡的人為什麼這樣行事。然而，他無法理解，狄爾泰的觀念也幫不了他。因為在狄爾泰的觀念裡，這位文化人類學家應該知道當地人所擁有的世界圖景，換言之，要知道當地人的文化。如果他不知道這些東西的話，那麼他永遠也無法理解當地人的行為。他應該對當地人活動的處境有所瞭解，包括他們在生活中所遵循的規範。試想，如果這個學者第一次到這個地方來，接觸到這個民族，但是關於這個民族，他一無所知，那麼，他當然就無法理解任何東西。為了理解，回答這樣的問題，比如，當地人為什麼這樣行事？那麼，他應該在那裡生活、觀察，收集事實，建立假說，描繪當地人的世界圖景是什麼。要知道，當地人是不會直接對他說明這些東西的，這也是問題的難點所在。他必須研究當地人的語言，收集有關這個語言的事實，作為一名社會學家，他應該進行觀察，最後提出假說，當地人如何看待世界。如果這個假說獲得確證，那麼它就是正確的，否則他繼續提出新的假說，以便對當地人的行為作出解釋。這和任何一個自然科學家是一樣的，他們所做的事情是一樣的。

在這種情況下，理解與解釋之間的界限已經模糊了，理解似乎是人文科學所特有的方法，解釋似乎是自然科學和社會科學所特有的方法。

再比如，一個文學史家或哲學史專家，讀古代希臘哲學文本，他要嘗試理解這個文本，為此，他光知道古代希臘語是不夠的，需要理解作者在這些話語中所賦予的含義。但是，古希臘文本的作者生活在很久以前，那是另外一種文化，在這個文化裡，存在著另外一套關於世界的觀念，另外一套生活規範，與我們是有很大差別的。所以，理解古代文本是個大問題。為了理解一個文本為什麼這樣寫成的，這樣寫意味著什麼，就需要提出假說，甚至是幾個假說，然後看看這些假說如何被驗證，不僅僅是給定的某個文本，還要考慮到當時的其他文本，當時人們的行為等等。這是個複雜的程序，是解釋所要求的程序。根據狄爾泰的觀點，這些具有理解性質的科學，比如文化人類學，更不用說是心理學了，這些科學同時也要進行解釋。為了理解什麼是心理過程，為什麼會發生這樣的過程，僅僅設身處地理解另外一個人，這是不夠的，為了使得我們的研究變成科學的理論，建立科學的心理學，那麼還需要建立具有解釋功能的理論，它可以解釋，為什麼會發生這樣的過程。

現在我們再看看這樣一組學科，狄爾泰沒有把它們歸入到人文科學領域，而是歸入到社會科學領域，比如社會學。我們看看這裡的現狀如何。為了理解人們的行為，回答他們為什麼這樣行事這個問題，僅僅觀察和描述事實是不夠的。我們要理解，為什麼他們這樣行事。原來，他們之所以這樣行事，因為他們遵循一套價值體系,擁有一種關於世界的觀念,世界圖景,這些東西可以解釋他們為什麼這樣行事。就是說,如果社會學要成為科學,那麼它就不能僅僅描述事實,在此基礎上作些結論就完事了。此外還需要解釋,人們為什麼這樣行事。他們在自己的行為中所遵循的規範是什麼,他們為什麼這樣行事,而不是那樣行事。今天,在社會科學裡,在社會學裡,在經濟學裡也是一樣,非常流行的就是所謂的合理選擇的理論。根據這個理論,在一定情況下,一個人之所以按照一定的方式行事,是因為他從很多種可能性中選擇一種。當他在作出選擇的時候,遵循的原則是:哪種可能性對他而言是更好的,更重要的。個人的這種偏好決定於他所遵循的價值體系,什麼東西對他而言是重要的,什麼東西是應當的。一個現代社會學家要理解人們的行為,他不能不涉及到人們的價值觀念,而且還要嘗試理解這些價值。但是,根據狄爾泰的看法,價值問題始終是人文科學的問題,而不是社會科學的問題。但是,在今天,價值問題也是社會科學的問題。在這個意義上,現代社會科學與人文科學也在接近,這是一個統一的綜合體,可以稱之為人文社會科學。當然,人們實際上還是把它們區分開來,但是這個區分是人為的,而且已經過時。研究經濟過程的經濟科學看上去遠離人文科學,這裡的過程是純經濟的,比如經濟體制問題,價格問題看上去就不是人文科學的問題。但是,據我瞭解,在現代經濟學裡,也出現了與人文科學接近的趨勢。要解釋,人們為什麼喜歡購買某種商品,而不願意購買另外的商品,就不能不考慮非經濟的動機,包括心理和價值方面的動機,等等。不久前我在莫斯科聽了一個報告,報告人是俄羅斯科學院中央數學經濟研究所所長。他在報告裡展示,經濟學家們的舊觀念過時了,比如他們關於經濟過程和商貿過程應該服從的那些原則和觀念,因為現代經濟學一方面與舊經濟學有很多區別,另一方面它與我前面提到的那些過程有關,在今天已經出現了知識社會,經濟學裡也出現一個新領域,叫知識經濟學。這個知識經濟學與舊經濟學是不同的。按照舊的經濟學,你有某種商品,賣給別人了,他買了這個商品,付給你錢。這樣,你得到錢,他得到了你提供給他的商品。就是說,你有商品,他有錢。經過這個交換過程後,你得到了錢,他得到了商品。商品從你手上轉移到他人手裡,你不再擁有這個商品。但是,知識是一種特殊的商品,如果你銷售知識,你把知識賣給了別人，為此也獲得了錢，但是，知識並沒有離開你，你沒有喪失知識。此外，生產知識的能力依然在你手裡。這些東西都是需要考慮的。如前所述，在現代經濟學裡，主要的是必須考慮這樣一種情況，人們經常購買那些不是他們自己需要的商品，而是廣告強加給他們的商品。這是我們生活中的新現象。出現了網絡，新的信息過程，它們都對經濟過程產生影響，因此，經濟學應該考慮到這些因素，它們與廣義上的價值問題有關，不僅僅是經濟價值，而且還包括更為廣泛的價值觀念。因此，如果以前認為，人文科學研究價值和理解等問題，這些問題與社會科學無關，那麼今天，這個觀點就不合理了。所以，我在這裡沒有專門把這兩類學科區分開，即人文科學和社會科學。我認為，它們現在越來越接近。認為社會科學與人文科學無關，這個意見過時了。關於文化的科學，關於理解的科學以及社會科學，它們之間的聯繫是非常密切的，它們是相互需要的。

第三章 活動論立場：昨天和今天

"活動論立場"來自於活動這個詞。為了研究認識，為了富有成效地對其進行研究，並回答在這個研究過程中所出現的問題，非常重要的一點就是採取這樣一個立場，即把認識與活動關聯起來。

眾所周知，認知科學大約在三十年前產生，這是一場跨學科的運動，它聯合了一系列學科，把各門具體科學的代表聯合在一起。他們都開始研究認識過程，包括什麼是認識，什麼是知識，什麼是意識等問題。這裡有心理學家，大腦和神經過程研究領域的專家，通過數學模型來研究人工智能方面的專家，語言學家，還有哲學家也參與其中。針對認識過程是如何發生的，認知科學運動提出了很多觀念。這些觀念也發生過一些變化。在最近五六年的時間裡，研究這些問題的人們甚至提出一個想法，即他們至今所做的事情，比如，他們對"認識是如何發生的"這個問題的理解等等，以及他們的一些結論，都不是很準確的。為了研究和解決這些問題，還應該求助於活動論立場。

那麼，什麼是活動論立場？這個立場意味著什麼？

認知科學的代表們重新開始談論的這個活動論立場在蘇聯時期就已經被制定出來，而且是非常充分地被制定出來的。在蘇聯時代，在我們的哲學和心理學等領域裡，有一批學者曾經從事這個問題的研究，並提出一個有趣的觀念，它可以按照另外的方式研究認識論問題，關於這一點，下面我再詳細談。有些學者，比如當今美國的一些學者，在談及返回到活動論立場的重要性時，經常引用蘇聯學者在這方面所取得的成果，比如談到蘇聯的心理學派，蘇聯的哲學學派。

順便指出這樣一點很重要：我們俄羅斯的哲學界始終在探討活動的觀念，活動在認識過程中的作用等問題。這些研究當然依靠了馬克思的一些著名的基本觀念，比如關於實踐的作用的觀念，關於人與世界關係中實踐活動的作用的觀念。

馬克思是個唯物主義者，他認為，人生活在實在的物質世界裡，這個物質世界不依賴於人的意識而存在。但是，人積極地對待這個世界，用自己的活動改變它。在這個意義上,馬克思批判了兩個立場。第一個是在馬克思之前的某些唯物主義者的立場,他稱之為直觀唯物主義者。他們的出發點是,人對待世界的態度主要是直觀的。另外一個立場與第一個立場對立,這就是德國唯心主義的立場。德國唯心主義者認為,人是積極的存在物。那麼,這個積極性表現在哪裡呢?表現在人的意識是積極的。意識構造世界的形象,而這個形象就是世界自身。除了這個形象外,沒有任何另外的世界。康德非常出色地描述過這一點。他說,意識構造實在。

馬克思批判了這兩個立場,認為它們都是不正確的。在馬克思看來,問題不在這裡。實際上,世界就是它實際存在的那個樣子,人作為世界的一個部分而存在。作為世界的一部分,作為物質存在物,人與世界之間相互作用。他改變世界,在這個改變的過程中,產生了人的所有特質。由此可以理解人的其他方面,進而可以理解什麼是人,以及人的認識過程是如何發生的。

我想指出,我們的哲學和心理學裡發展的那些活動論的觀念不僅僅是對馬克思思想的重複,儘管其形式上帶有馬克思的痕跡。這是一系列活動論的觀念，它們自身就是不同的，相互之間甚至發生過爭論，關於這一點後面還會談到。最主要的是，這些觀念的提出與解決一些具體問題的嘗試有關，比如對一般意義上的認識的理解，尤其是對科學認識的理解。

為了搞清楚總體情況，我嘗試通過具體例子來說明。這是一個具體問題，它始終都是認識論領域和科學哲學領域，以及心理學領域爭論的對象，而且永遠都會是爭論的對象。這就是經驗的問題。我是如何在經驗上獲得關於世界的知識的？我通過什麼方式看到和聽到事實上存在的東西？

我是如何看到、聽到和感覺到事實上存在的東西的？這個問題看上去是顯而易見的。看見是什麼意思？我睜開眼睛，就能看到周圍存在的東西。比如，我看到這張桌子，以及在桌子後面坐著的人，我看到這個房間的四壁。如果我想聽點什麼，我豎起自己的耳朵就能聽到。如果我想感覺什麼東西，我就伸出自己的手去觸摸。看來，這是顯而易見的東西。然而，這些最簡單的東西卻是最難理解的，最複雜的。

在第一章裡，我們曾經說過，哲學研究永恆的問題，這些問題每一次都按照新的方式提出和解決。

與此同時，它們都是非常複雜的問題，都涉及到對世界和人自身的理解。這些問題看上去簡單，比如什麼是真理，好像是很簡單也很清楚，真理就是符合事實上存在的東西。但是，當我們開始分析時，這個問題就會變得非常複雜。到底什麼是真理？什麼是符合？什麼是我？我總能把自己與他人區別開。我是我，你是你，我永遠也不會把我自己與其他人混淆。但是，如果繼續問下去，我在哪裡？什麼是我？我就是我的身體？還是我的大腦，或者其他什麼東西？我如何支配自己的身體？你的身體服從你，你支配自己的身體。你想舉手，就舉起手了。那麼，這一切意味著什麼？

我在這裡當然不會去探討這些問題。我舉這些例子只是想說明，這其中的每個問題都是複雜的。有個著名的哲學家，生活在很早以前的歐洲。有人問他，什麼是時間？他說，在你沒有問我之前，我知道什麼是時間。當你問我的時候，我覺得我無法回答你的問題。這就是奧古斯丁。

那麼，我是通過什麼方式獲得關於世界的知識呢？通過感性經驗。看上去這個答案非常簡單。這就是我處在其中的世界，它對我的感覺器官發生作用，即對我的視覺系統、聽覺系統和觸覺系統以及其他感覺器官發生作用。於是，我就獲得一種感覺印跡，這個印跡為我提供關於世界的知識。有個古代哲學家就曾說過，如果你有蜂蠟，還有個戳子，你把戳子蓋在蜂蠟上，於是在蜂蠟上就留下一個印跡。這個印跡就是你關於世界的知識。看上去，答案就這麼簡單。這個觀念很簡單，也很流行，看上去也很有說服力。當我提到的那個認知科學運動出現的時候，它也接受了這個觀念，並用它來武裝自己，當然是在這個觀念的現代形式上。認知科學運動的代表們從這個觀念出發，嘗試理解認識世界的過程是如何發生的。

這裡還是有區別的，甚至不是區別，而是最新的補充。這些新的補充首先就在於，來自外部世界的作用被理解為信息。外部世界，其中的客體以及世界裡的處境向我們發送信息，我們的感覺器官接受這些信息，這些東西也叫作感受，於是就形成一些印跡，然後我們的大腦對它們進行加工。能夠解釋這個現象的最好例子是視覺。人獲得關於世界的知識主要是通過視覺，絕大部分知識都來自於視覺，其次是聽覺，再其次是其他感覺器官，感覺系統。比如視覺，物體對光線作出反映，反射出來的光線作用於眼睛，光線進入瞳孔。在眼睛的後部有視網膜，進來的光線作用于視網膜，形成圖像，這是平面的圖像。這個印跡就是外部世界對視覺系統的作用的結果。在此基礎上，大腦對這些圖像進行加工、處理。

認知科學為這個舊觀念提供的新東西就是，可以把大腦的工作與計算機的工作類比。計算機是個複雜的機器，根據一定程序工作。計算機接受一些信息，然後對其進行加工，最後得出結果。大腦也是如此，它按照一定的規則對視覺系統所獲得的信息進行加工，最後也給出結果，就是我看到的東西的圖像。我獲得的這些圖像就是在現實中存在的那個東西的圖像。根據這個認識，我就可以採取一定的行動。這個認識就成為行動的指南。

認知科學所提供的這個模型是一個認識模型，對它的論證並不複雜。其觀念有古老的根源，後來，在現代認知科學研究過程中，為這個古老的觀念建立了數學模型。看上去，這個數學模型很複雜，但其實質很簡單。這個模型對其他現實情況解釋起來有一定困難，對認識過程中的一些事實解釋起來也有一定困難。下面我簡單舉幾個例子。

我們說過，按照這個模型，認識者消極地接受外部世界的作用，大腦對所獲得的信息進行加工，在大腦的這個工作的基礎上，人就可以行動了。那麼，根據這個模型，在解釋認識過程時，會出現哪些困境和問題呢？針對視覺，我們所獲得的圖像、印跡都是平面的，大腦對它們進行加工。當我們處理這些圖像時，有時候很難判斷，它們在事實上到底反映的是什麼東西。很難區分出什麼是現實的，什麼是幻想出來的。有個著名的鴨子兔子圖。這幅畫裡到底是一隻鴨子，還是一隻兔子？觀察者開始可能以為看到的是一隻鴨子，但多看一會兒，就會覺得這是一隻兔子。再多看一會兒，可能又感覺是一隻鴨子。研究視覺問題的20世紀心理學家們發明了很多類似的圖形，對人們進行試驗。很多人難以回答，什麼是真的，什麼是假的（即僅僅是觀察者自己覺得如此），什麼是幻覺，什麼是現實？

在現實生活中，我們看到的當然不是這樣的圖形，而是現實的物體，這裡就有一些有趣的事實。在我們所獲得的信息（作用於我們視覺的信息）當中，並非全部信息都被我們意識到，很多信息都被漏掉了，被當作沒用的東西。或者相反，有時候我們看到的東西比在視網膜上反映出來的東西要多。在視網膜上留下的是印跡，就是我們所看到物體的印跡。但是，我們看到的並不完全是視網膜裡留下的印跡。就是說，我們看到了按理說我們不應該看到的東西，至少因為在我們的視網膜上形成的是個平面圖。比如，我看見這裡有一張桌子。在我的視網膜裡只留下了它的表面圖。事實上，我看到的桌子包括了它的後面。但是，桌子的後面在我的視網膜裡並沒有留下印跡。再比如，當我把兩張紙疊在一起。你們能看到什麼？你們會說，看到兩張紙，它們疊加在一起。事實上也是如此，你們是對的。但是，實際上，你們看到的是一張紙，然後再多一點點。至於另外那張紙，你們看到的並不是它的全部，而是它的一小部分，但你們卻判斷，那是一整張紙。

因此，每個認識過程都包含著對可能的未來的某種等待和期待。比如，我看見一張桌子時，我就認為，的確看到一張桌子，而不僅僅是在我的視網膜上印上去的東西。那麼，在這個認識過程裡就包含了對一種可能的東西的期待和等待。這個等待和期待就在於，如果我繞過去看一下的話，就應該看到所期待的東西。儘管我在看的過程中，沒有這樣想，這一切似乎都是顯而易見的。這兩張紙也是一樣，我看到一張完整的紙和另外一張紙的一小塊，但是，我總有這樣一種期待，即拿過來，把它們分開，這是兩張完整的紙，於是，我就能看到在上面這張紙的下面還有另外一張完整的紙。就是說，在認識的過程裡總是包含對不久將來的某種期待。

在這個認識過程裡包含一種可能，就是我繞過去，對所看到的物體的另一面進行研究。我看任何物體，任何過程時，都包含著可以這樣做的一種可能。因此，視覺認識過程的結果不僅僅是在視網膜上留下的東西。認識過程不是一個人坐在那裡不動，被動地接受外部世界來的信息。

我每天去單位上班，都要路過一棟很大的房子。有一天，我沿著老路去上班，看到了這棟房子。但是，我想弄個究竟，於是，繞過去看了一眼。結果我發現，這根本不是一棟樓房，只是一面牆而已。因為在我不知情的情況下，工人們把房子給拆，現在只剩下一堵牆，就是我平時看見的那一面。所以，我只是覺得我看到了一棟樓房，實際上，這是個錯覺。因此，我對實際上存在的東西的認識是不正確的，我的認識是個錯覺。只有當我繞過這堵牆之後，我的錯覺才被消除。試想一下，如果我無法繞過去，永遠只能在這堵牆的這一邊看，那麼，我永遠也無法把錯覺與現實區分開。

這些例子表明，在認識裡包含活動過程，包含生活自身。任何存在物，要想認識世界上所發生的過程，它不可能消極地接受外部世界的作用。就人而言，他不可能消極地接受外部世界對自己眼睛的作用。他應該活動，如果出現錯覺（這樣的錯覺是很容易產生的），那麼，要消除它們，必須有活動。靠著活動，在行動中消除錯覺。否則，我們就無法區分錯覺與現實。

哲學家和心理學家們始終在解決這個問題，即如何區分夢與現實，錯覺與現實。你在荒漠裡看見一塊綠洲，裡面長有棕櫚樹，流淌著河水。但是，當你接近這塊綠洲時，一切都消失了，原來這都是幻影。那麼，通過什麼方法區分事實上沒有的東西與事實上存在的東西呢？針對這個問題，人們曾經提出不同的解決方案。

根據我剛才提到的針對認識與經驗的那個立場，即所謂的活動論立場，任何一種認識過程都是對世界的研究過程。在這個過程裡，人從世界裡吸收信息，而不是消極地等待信息自己的到來。任何一個從事認識的存在物（不僅僅是人）都是通過積極的方式從世界裡獲得信息，似乎是在與世界發生積極的相互作用。這種認識過程是認識者生命活動的一部分。不但世界對認識者發生作用，而且認識者也對世界發生作用。

比如，動物們始終在活動、跳躍，逃脫危險與災難，等等。它們不可能永遠在那裡不動。假如認識者僅僅是在原地不動，等待世界對它發生作用，那麼，它就無法區分錯覺與現實，就不能在世界裡辨別方向，因此就無法在這個世界上生存。

不但如此，任何一個有生命的存在物都要選擇對自己的生存是重要的信息，與自己的需求有關的信息。通常情況下，外部世界為我們提供了很多信息，但不是所有信息對我們而言都是重要的，因此，有些信息就被淘汰、過濾掉了，重要的信息被區分出來。到底從世界裡接受哪些信息，這取決於很多因素。比如，存在物自己的生理特徵，這裡指的是從事認識活動的存在物，它身體的尺寸，或者對它而言是否需要和必要。

比如，在房間裡有條狗，那麼，它對周圍世界的理解與我們是不同的。我看到前面的這張桌子，狗看到的也是這張桌子。但是，它看到的肯定與我們人看到的不同。當我看到桌子的時候，我看到的不僅僅是桌子的外形，不僅僅是桌子的顏色，各個側面等，而且還看到，這是一張可以坐在它旁邊的桌子，可以把紙放在上邊，可以在這裡寫東西，無論它的表面如何，它的尺寸如何，等等。我所關注的是可以在它上邊擺放東西，比如放一個茶杯。對狗來說，桌子的這些特質是不存在的，它看不到這些特質。它看到的是，可以在桌子底下藏起來，這對它可能是很重要的。

所以，世界的被認識與其能夠為認識者提供的對生活和活動而言的各種可能性有關。對每個存在物而言，這些可能性是不同的。在自然界裡，兔子要防備狼，因此對兔子而言，重要的是如何能夠快速逃脫，哪裡可以藏身，不讓狼發現。但是，對於狼而言，同一個自然界，但卻可以提供其他可能性。因此，每一種存在物在世界上都選擇對自己有利的可能性。所有的存在物都在同一個現實世界裡生存，但每個存在物在這個世界上都選擇對自己重要的東西。而且，我們很難搞清楚其他存在物是如何理解世界的，比如狗、貓等是如何理解世界的，要知道，它們的視覺與我們人的視覺是不同的。一個哲學家在20年前寫過一篇文章，題目就是《蝙蝠看見，這意味著什麼？》，他探討蝙蝠是如何認識世界的。蝙蝠沒有清楚的視覺，靠聲音來辨別方向，聲音遇到物體後反射回來。蝙蝠就靠反饋的聲音來建立世界的圖景，在其中辨別方向。顯然，蝙蝠所理解的這個世界與我們所習慣的世界是完全不同的。

任何一個活的存在物都在活動，積極地對待世界。但是，人與其他存在物的差別在於，人建立了一個人工的世界，人工物體的世界，比如勞動工具，這是其他存在物辦不到的。人製造了語言，這在其他動物世界裡也是沒有的。人借助於語言理解世界。人還創造了其他一些適應周圍環境的手段，從世界獲取信息。借助於這些積極活動，與世界的相互作用，人獲得對他而言重要的信息。這裡就包括從我們生活於其中的世界獲取信息。

每個存在物，首先是人，對世界的認識主要是為了自己的行動和活動。比如，有這樣一個例子。有人把一張棋盤展示給一位出色的象棋大師，上邊擺的是黑白棋子,讓他看5秒鐘。然後把棋盤移開,向他提問:你看到什麼了?棋盤上的棋子是怎麼擺的?他說,我不知道棋子是怎麼擺的,因為時間太短了,只有幾秒鐘。再問:那你記住什麼了?他回答說:如果黑方先走,經過這樣幾步,就可以把白方將死。

相對於認識的活動論立場而言,非常重要的另外一點就是人不僅僅自己在活動,而且還與其他人一起活動,借助於語言與其他人交往。人有語言,這是很重要的文化上的發明。在動物世界裡,這是沒有的。語言對我們認識世界有很重要的影響,有很多事實可以證明這一點。我前面提到,通過感覺器官接受的來自外部世界的信息,有很多都被淘汰和漏掉了。但是,也有這樣的情況,就是我們所接受的東西多於在我們視網膜上留下的痕跡(形成的圖像)。語言就是這樣的一個網絡,我們通過它來看世界。在我們俄羅斯,在遙遠的北方居住著一個民族。我們的心理學家對那裡的人作了一個實驗。心理學家們拿出各種物品,有藍色的、紅色的、黃色的和白色的。在白色的物品裡,有好幾樣,比如有紙、粉筆等等,讓當地人把同樣顏色的物品放在一起。心理學家們對這次實驗的結果進行分析,發現了一個非常奇怪的現象:藍色的、黃色的和紅色的物品都是正常挑選的，但是，白色物品（紙、粉筆等）被分別放在不同的位置上，而不是放在一起。心理學家問當地人，為什麼這樣挑選和擺放，要知道，這些都是白色的物品。當地人回到說，不是的，這是不同顏色的東西。原來，在當地人的語言裡，大約有20個不同的詞都表達白色。這裡的問題不在於他們的眼睛是獨特的。其實，他們的眼睛和我們是一樣的，他們和我們一樣生活，問題在他們的語言裡。在這種語言裡有20個不同的詞表達白色。相應地，他們就區分不同的白色，或者說是色差。我們一般不區分這些色差，因為對我們而言，這是沒有必要的。但是，對當地人來說，這是很需要的，是他們的生活所需要的。所以，他們對白色又作了區分。如果我們去他們那裡，研究他們的語言，在那裡生活一段時間，那麼，我們也可以區分這20種不同的白色。因此，這裡的問題不在於眼睛的結構，不在於大腦的結構，而在於當地人所形成的文化。

借助於語言，人們之間發展交往。語言不但在交往中發揮重要作用，而且在認識過程中也發揮重要作用。語言和交往有助於發展各種心理能力。當我們開始發展活動論立場這個研究領域時，有人就說，你們這些堅持活動論立場的人過分誇大了這個立場。的確,人是積極的存在物,他積極地改變世界,而不僅僅是被動地接受來自於世界的作用。但是,除了活動之外,還有交往,交往不是活動。當我在外部世界裡活動時,比如製造桌子、椅子等,為此我得要栽樹,然後砍伐樹木,總之,我在改變世界,這就是活動,通過這種活動我改變世界。但是,當我借助於語言與其他人交往時,我不能隨意地改變他,只是與他交往,嘗試借助於語言來理解他。這已經不是活動了。因此,活動與交往在認識過程中都發揮重要作用。怎麼只談活動,不談交往呢?所以,這些人反對我們的活動論立場。

我認為,不能把活動與交往對立起來。實際上,應該把交往理解為包含在活動中的東西,與活動相關聯的東西。對人而言,任何活動,尤其是創造性活動,與動物的活動不同,總是與其他人發生關係,因此是共同的活動。比如,一個龐大的團體在從事某種活動,其中每個參與者都做自己的事情,但是,他們之間相互作用,交流自己的活動結果,這就是相互交流。這種交流和交往都服務於活動過程。甚至當一個人單獨活動,自己做事情的時候,這個活動也總是要以與他人的交往為前提。比如,我寫文章,目的是為了讓其他人閱讀,供人討論。任何活動在一定程度上,直接或間接地都要求與他人的關係,都與交往有關。甚至當我讀一位生活在很早以前,早就去世的哲學家的著作時,那麼,這裡也需要前提,我同這位哲學家進行一種對話,儘管這是跨越了幾代人的對話。

與此同時,交往自身也可以被看做是某種活動。當我與其他人談話時,我當然不會像製造桌子和椅子那樣,或者如同往牆上釘釘子那樣。我要嘗試理解他。我們談話與交往的意義在於對他發生影響,改變他的觀念,比如他關於我的觀念,關於世界的觀念,否則的話,我們的談話和交往就是無意義的。而且,某些談話,某些聲明,或者某些話語活動,在對現實處境的改變方面,其作用要比個別的身體活動大得多。我拿起錘子,把釘子釘在牆上,然後把一幅畫掛上,這是一種活動,其結果只對我而言是重要的。當1941年6月22日在廣播裡播出了莫洛托夫的一句話——"與德國的戰爭開始了",這是另外一回事了。這句話對全體蘇聯人產生了巨大影響。這是話語的影響。所以,在這裡,可以比較一下,到底哪種活動類型的影響更大。

最重要的是，交往中的語言是什麼呢？語言是由詞匯構成的。每個詞都有意義，詞匯的意義都與一定的活動有關。在剛才的例子裡，在我國北方有個少數民族的語言裡有20個詞表達白色的不同色差。為什麼他們需要這麼多的詞來表達白色？因為他們的生活就是如此，他們的活動就是如此。對他們而言，區分不同的白色是很重要的。那裡常年積雪，無論冬天還是夏天都是如此，因此，區分白色對他們的生活而言很重要，所以才出現了這麼多詞表達白色，否則，這是不可理解的。

我們再看一個實驗，這是蘇聯時期的心理學家們做的實驗，我們的哲學家也參與了。這個實驗就與對所謂的活動論立場的理解和使用有關，這裡涉及到人的心理活動是如何產生的問題。在通常情況下，每個人都有五種感覺：視覺、聽覺、觸覺、嗅覺、味覺。一般人都通過這五種感覺器官獲得來自外部世界的信息。但是，有這樣的人，他們是盲人，他們靠觸覺和聽覺來感知世界。盲人認識世界的可能性是有限制的，因為正如前面所說，有很多信息是靠視覺來獲得的，其次是聽覺。盲人保留了聽覺和觸覺，在此基礎上，也是可以感知世界的，在其中辨別方向。這樣的盲人到處都有。他們的生活當然要比正常人複雜得多。但是,他們仍然可以生活,可以積極地工作。我們那裡就有盲人哲學家,而且是非常有趣的哲學家。他們不但可以工作,而且有時候還很積極地工作。

試想這樣一種情況,儘管是很罕見的情況,但畢竟是存在的。有這樣的兒童,他們沒有視覺和聽覺,或者是天生的,或者是出生後不久就喪失了視覺和聽覺。要知道,這是兩種獲取信息的主要途徑。盲聾啞人通常就是如此。他們與世界接觸的途徑還有什麼呢?只剩下一種,即觸覺。但是,通過觸覺能獲得多少外界的信息呢?

通常情況下,一般的兒童都會積極地活動,先是爬,然後學會走路,摸摸這個,碰碰那個,觀察周圍的東西,聽來自外部的聲音等等,慢慢地學會在世界上生活。但是,那些天生的或後天的盲聾啞兒童甚至沒有積極活動的願望,沉默地坐在床上,最多只是點點頭而已。

在我們的心理學領域裡,曾經制定一個針對這類兒童的專門研究規劃。這些兒童在很多方面甚至不如動物,因為任何小動物生下來也都積極地活動,但是，這些盲聾啞的兒童對這一切都沒有興趣。這個研究規劃的目的就是培養盲聾啞兒童，使他們成為正常的人。就是說，他們不但可以成為完整的人，而且還可以思考、推理，他們可以在學校裡學習，然後他們甚至可以說話，可以理解你（通過什麼方式，下面我再細說）。他們能夠完成中小學的學業，有些人甚至讀到大學畢業。我知道一個盲聾啞人，他畢業于莫斯科大學心理學系，而且還通過了學位論文的答辯，獲得博士學位。他也寫書，作報告，過著非常積極的生活。

上述研究規劃的參加者們讓這些盲聾啞兒童掌握一種語言。一旦掌握了這種語言，這些兒童就能夠擴展自己的視野。這種情況不僅在我們國家有，在其他國家也有。在美國就有類似的研究規劃，也在嘗試教殘疾兒童一種特殊的語言。那麼，他們是如何教這些殘疾的孩子掌握語言呢？首先把小孩的手放到水裡，讓他感覺水，然後在他的手上畫個符號，表示水（盲文的水）。小孩可能不會立即就理解，但逐漸地，他可以理解手上的這個符號與他所感覺到的水有關係。

蘇聯心理學家們也嘗試重複美國人的實驗。但是，他們發現，效果並不好。因此，他們選擇了另外一條路，這條路與我上邊講的東西有關。他們明白，不能僅僅把符號、詞彙與個別物體聯繫起來，這是不夠的。還要讓這些物體加入到活動中去。不能僅僅讓孩子感覺水，還要讓水參與到孩子的活動中去。就是說，與殘疾兒童工作的心理學家們首先讓孩子參與到活動中來，嘗試一起做點事情。起初，這些大人為小孩做事，然後逐漸地讓小孩參與進來，這就是所謂的共同活動。逐漸地，大人做的事情越來越少，小孩做的事情越來越多，讓小孩發揮越來越積極的作用。

這種活動的實質就在於，小孩開始學會熟悉周圍的物體，與之打交道。人們製造這些物體是為了相互交流，這是文化客體。在這裡，就是日常生活中的各種用品。小孩學會自己穿衣服，自己穿鞋，使用餐具，比如刀子、叉子和勺子等，學會坐到椅子上，然後再從椅子上下來。就是說，小孩熟悉和掌握進入其活動範圍的物品。如前所述，在活動過程中，人區分出對自己的活動重要的方面。因此，小孩掌握的不是一般的水，不是一般的椅子，而是在杯中的水，這水是可以喝的，可以用來洗手的，等等。只有在這個基礎上，小孩才能夠掌握語言。詞彙不僅僅與物品聯繫在一起，而是與物品的這樣一些方面有關係，就是那些參與到小孩活動中的方面，它們被小孩突出出來，因為它們對小孩的活動是重要的。在這個基礎上，小孩學習語言的過程就變得輕鬆了。人們先在小孩的手上寫符號，它表達的就是參與到小孩活動過程裡的相應物品，最後，小孩就可以學會用手去閱讀。這就是盲文，是盲人用的專門語言。然後，就可以教盲聾啞的孩子說話，這也是可能的。

那麼，一個聽不見的人，怎麼能說話呢？一般情況下，我們正常人在說話時，不僅僅聽到對方的話語聲音，而且也聽到自己的聲音。但是，這些盲聾啞的孩子聽不見自己的聲音。然而，他們可以感覺到自己舌頭的運動。我們的心理學家們就制定出這樣一種方法，來教盲聾啞的孩子們感覺自己舌頭的活動，發出聲音。這樣，他們就可以學會發聲。當然，他們的聲音是不自然的，語調也是不正確的，但還是可以理解的。你可以向他們提問，他們能夠回答。我就接觸過這樣的人。他可以說話，但聽不見你的回答。當我聽到他的問題，我或者在他手上寫東西，他可以理解我的意思（我的回答）。或者採取另外一種方法，利用專門的儀器，類似於計算機。當小孩和我談話時，我坐在計算機旁邊，敲鍵盤，輸入我要說的話。小孩子在另一端，是特殊的鍵盤，從那裡輸出的是盲文，他可以在那個鍵盤上感覺到我在說什麼。

在我們那裡有這樣的專門學校，就在莫斯科郊區謝爾蓋鎮，已經存在了幾十年，有一批熱心的教師，有心理學家等等，包括一些志願者。他們所獲得的成就是很大的。其中有一個非常成功的例子，就是一位殘疾人，姓蘇沃洛夫，他後來可以寫書，詩歌寫的也不錯。在自己的書裡，他表達了自己是如何認識世界的，在這個世界裡他是如何感覺自己的，並提出了很有意思的問題。他得到一個禮物，是一台機器，裡邊安裝了很複雜的儀器。不久前，他作了個報告，人們向他提問，他是聽不見的，但是這台機器可以把問題翻譯給他，他用手在機器上閱讀你的問題，然後給與回答。

這是個很有意思的例子，它恰好說明了我在上邊談的活動論立場的基本思想。這些思想是，人與世界的關係是活動的關係，他積極地對待世界，從外部世界獲得信息，並建立關於外部世界的知識，其手段就是通過一些人工物品。因此，人是自然的存在物，同時也是人工的存在物。人生活於其中的世界，是他自己建立的，這不是他自己在大腦裡杜撰的世界，儘管人有時候的確在杜撰自己的世界。但是，實際上，他主要生活在自己所建立的世界裡。在此基礎上，就可以理解其他東西了，可以理解在更高層次上的認識。比如，科學理論是如何建立的，實驗在這個過程中發揮什麼作用，等等。

在針對科學知識、科學理論的理解問題上，我們的哲學家們也提出了活動論觀念。比如，這裡就有對實驗的理解。在建立科學理論時，在很多科學裡，都不是僅僅描述感官所獲得的事實，而是創造一個人工的環境，因為實驗環境就是人工的環境。在這個人工環境裡，我們可以獲得通過其他任何途徑都是無法獲得的信息和知識。於是，實驗手段在科學研究裡逐漸開始獲得利用。當實驗被認可為獲得科學知識的手段時，這實際上是一場意識中的革命。

在幾百年裡，人們一直認為，在自然界裡只有兩類過程，一類是自然過程，一類是人工過程。一般情況下都認為，建立人工的過程，技術建構，就等於破壞了自然秩序。這類觀點認為，不能借助人工實驗的手段獲得關於自然過程的知識。在幾百年裡，人們始終是這樣看的。比如，亞裡士多德就這樣認為。他和整個古希臘哲學都認為,認識世界的最高方法是理論。

什麼是理論(теория)?從希臘文翻譯成俄文就是直觀(созерцание)。人們已經擁有一些基本知識,可以將其作為出發點,被動地選擇其中的一些知識,然後通過邏輯推理從這些知識裡做出結論,這樣就獲得了理論。歐幾裡得幾何學就是這樣建立的,在幾百年裡,這是各類科學理論建構的典範。歐幾裡得幾何學是科學知識理論的第一個體系。這個體系開始於幾個公理和公設。它們是可以被直觀的,是給定的,人們只能消極地接受它們。它們是不容爭辯的,是顯而易見的。然後在它們的基礎上,做出其他邏輯結論。所以,整個理論就是從這些可以直觀的材料裡獲得的。在古希臘,這被看做是人和世界的最高關係。古希臘也有技術活動,人們發明了一些適應世界的手段、機制,這對生活而言是很重要的,尤其是對實際生活而言。但是,古希臘人認為,這是低級的活動類型,而且不是認識世界的方法。這裡的區分是明確的,有自然過程,有人工過程。不能借助於人工實驗(就是人自己做的東西),來理解自然界,理解自然的東西。

然而，在17世紀，突然有了另外一個想法，這時出現了新的科學，即實驗科學。在這裡，情況完全相反。正是借助于實驗，建立人工環境，我們才能更好的認識自然界，認識其中存在的自然過程。實驗科學出現時，當然引起了強烈的抵制和批判。但是，有些人，包括哲學家，保衛實驗的立場，他們是這樣論證的。什麼是實驗呢？實驗就是對自然界的拷問。通常情況下，對犯人進行拷問，讓他承認自己所犯下的罪行。這就是以前用過的酷刑，通過暴力手段，讓犯人說實話。實驗就是通過這樣的手段來拷問自然界，建立人工的環境，這個人工環境對自然界而言也是"不舒服的（不自然的）"。這時，自然界"被迫承認"所隱藏的東西（真理）。

反對實驗科學的人認為，是的，通過酷刑，有時候被拷打的人說實話。但是，如果酷刑到了一定地步之後，犯人就會隨便說的，甚至是胡說。因此，通過酷刑，你可以獲得任何東西，不一定是實話，很可能是對實話的歪曲（假話）。的確有這樣的問題。有些實驗，其結果並不能提供有關實際存在的情況的真理，而是歪曲實際情況。這個問題比較複雜，此處不論。

但是，總體上說，在近代，實驗手段被接受了，用來武裝自然科學研究，自然科學變成了實驗科學。這個轉變之所以可能，必須打破一個舊觀念，認為存在兩個原則上不同的過程，即自然過程和人工過程。其實，它們是一樣的。此外，在實驗科學產生以後，人們對理論的理解也不同了。以前認為理論就是從顯而易見的前提裡邏輯地推出一些結論，這些前提是可以直觀的，通過直觀來理解的，或者是通過直覺來理解的。那麼，現在人們認為，理論是被建立的。比如，理論建立在理想實驗的基礎上。伽利略假想一個情景，當小球在斜坡上滾動時，這個斜坡是光滑的，是沒有摩擦的。一旦假定了這個理想的情景，我們就可以從其中獲得一定的結論。這裡就需要實驗手段了。也許，這個情景在現實裡是不可能的，但是，在原則上是可能的，這是個理想的情況。

以前，在古代，人們把辯證法活動看作是最高的活動，通過它可以直觀世界，並把這種活動與實踐、技術活動對立起來。現在，這個對立消失了。科學研究活動與實驗聯繫在一起，與技術活動聯繫在一起。自然科學家與開發新技術的專家之間密切合作。科學理論要求理想的實驗，它自身潛在地也包含了技術應用的可能性。

活動論立場不是偶然產生的，它是在近代歐洲文化發展的框架內部產生的。德國哲學在一定形式裡曾經提出這個立場，就是從康德開始到黑格爾的哲學。後來馬克思在新的基礎上也提出了這個立場。因此，我在前面講的，在上世紀末我們的哲學和心理學裡提出的關於活動的那些觀念有其歷史的基礎，就是從這個基礎出發的。

如上所述，現代認知科學的發展導致這樣一個結果，它的很多代表們重新開始關注活動論立場，認為針對他們當初在認知科學裡提出和發展的那些觀念，就是關於認識過程的觀念，應該按照新的方式重新進行考察，利用活動論立場的思想。所以，目前對活動論立場的興趣又在增長。去年九月份，在芬蘭赫爾辛基大學舉辦一次為期兩三天的國際會議，主題是"20世紀下半葉蘇聯哲學和心理學中的活動論立場"。來自世界不同國家的哲學家和心理學家參加了會議，比如來自芬蘭、荷蘭、英國、加拿大和意大利，還有來自俄羅斯的。我參加了這次會議。會上的討論很有意思。目前正在就這個話題準備英文的論文集，將要在荷蘭出版。因此，活動論立場是很有前景的。人們對它的興趣與認知科學裡出現的問題和發生的危機有關。

前面提到,俄羅斯哲學裡的活動論立場與馬克思主義的實踐概念有關。但是,在活動與實踐之間是有差別的。因為實踐首先是物質活動,針對現實處境。但是活動包含實踐,比實踐要寬泛。可能有觀念的活動,理論的建立也是活動。理論的建立不是實際的實踐活動,儘管也是一種活動。對我來說,在最廣泛的意義上,活動是對現有東西的改變,是建立此前不存在的東西。這是對活動的最寬泛的理解,在這個意義上,屬活動的有實踐活動,交往(也是一種改變,是參與交往的人在意見、意識上的改變,我與他人交往,就是嘗試在這方面對他們進行改變),理論(這裡也有自己的問題,當我們建立理論時,也在利用各種程序,等等)。因此,活動是比實踐更寬泛的概念。我在這裡想要強調的是,當我們的哲學家和心理學家研究活動問題,提出活動論的思想時,他們的出發點當然是馬克思對實踐的理解。在蘇聯心理學裡,最早的一篇關於馬克思著作裡的活動問題的文章之一是《馬克思著作裡關於意識與活動的統一性問題》,發表在1935年,由我們的著名哲學家和心理學家魯賓施坦寫的。這篇文章對他自己關於活動論觀念的研究很重要，也影響到另外一個心理學家列昂季耶夫（Леонтьев А.Н.,1903-1979），後者關於活動的觀念與魯賓施坦有一定的區別。但是，他們的出發點是一樣的。在我們的哲學家中間，最早研究活動問題的一位哲學家就是伊利因科夫（Ильенков Э.В.,1924-1979）。他研究馬克思，他的第一部著作就是研究馬克思《資本論》的，後來他的一系列其他作品也都與馬克思的遺產和德國古典哲學的遺產有關係，比如黑格爾的哲學。此後，研究活動問題的人，都從這裡開始。在這種嘗試裡，實踐被看作是一切活動的基礎。活動是比較寬泛的概念，但是，如果沒有實踐活動，那麼其他活動就是不可能的。所以，基礎性的，作為出發點的思想是，作為認識者，他所面對的是實踐的世界。我上邊舉的例子表明，人的活動主要是實踐的。然後，在此基礎上，作為結果，出現了其他類型的活動。

實踐概念是馬克思主義哲學的基本概念。在我們的哲學和心理學界所做的事情，即研究活動的觀念，當然是對馬克思的這個原則思想的研究，同時考慮到現代處境，包括科學裡的處境，比如心理學、認知科學、關於自然界的科學。有人嘗試從活動的角度理解科學理論是如何建立的。總之，基本立場來自於馬克思對實踐的理解。在馬克思那裡，不但有實踐概念，還有活動的概念，比如在他的《1844年經濟學哲學手稿》裡。在這裡，馬克思多次提到活動的概念，而且理解得也是很寬泛的。但是，我們的研究工作不僅僅是重複馬克思。他沒有可能研究與現代心理學材料有關的問題，無法考慮到現代問題和觀念，因為它們在當時是不存在的。馬克思表述了一個非常重要的思想，這個思想也是以前哲學發展的一個結果。在今天，馬克思所表述的這個思想是很重要的，但是他沒有可能研究我們所提出和研究的這些活動的觀念，因為當時是另外一種處境。而且，很多的學科當時也不存在，比如作為一門獨立學科的心理學當時就不存在，和其他幾個學科一樣，心理學是在19世紀出現的。所以，現在是另外一種情況，這裡討論的是另外的事實和觀念。所以，我們在今天利用馬克思的思想，必須考慮現代處境，考慮到現在才清楚的一些事實。在我提及的一些事實裡，有些事實在20年前，當我們哲學界討論活動問題時，也是沒有的，在我們當時的哲學和心理學界當然也沒有討論過，只是現在才開始討論，而且是從廣泛理解的活動的立場出發來討論和理解的。所以，這些都進入到我們的哲學裡了。比如上邊提到的伊利因科夫，還有斯焦賓（Стёпин В.С.,1934年生）院士，他也提出過有關科學理論方面的非常重要的活動論觀念。此外還有施維廖夫（Швырев В.С.,1934-2008）。我自己也寫過這方面的東西，有一批哲學家都寫過這方面的東西。可以說，這是我們哲學的一個部分。我們嘗試考慮今天所探討的問題，在世界範圍內探討的問題，嘗試回答在西方哲學和心理學裡所談論的問題，當然是從我們的立場出發來回答。我們的工作得到很多人的關注，也可以說是認可。

此外，在西方世界，在哲學和心理學界，還流行其他立場。它們表面上類似於活動論立場，但那都是另外一種類型的立場。比如所謂的建構主義（конструктивизм），其基本思想與康德的思想很接近。康德認為，我們認為實際存在的那個世界，其實並不存在，而是我們意識的構造。現代建構主義說的也是這個東西。原則上說，建構主義立場無法解決我剛才提到的那些問題。所以，在針對如何理解世界的問題上，活動論立場與這種幼稚的直觀立場對立。我們的活動論立場引起了很多人的興趣和好感，包括那些從來不是馬克思主義者的人，他們從事具體科學研究，最後走向了我們的立場。

我在這裡介紹了活動論立場，這是一個非常重要的立場。人的確可以通過自己的活動改變世界，創造新東西。但是，這裡也有自己的問題。我們可以借助於活動論立場解釋，人如何認識世界，人自己是如何形成的，他的心理能力和潛能是如何形成的，科學理論是如何形成的。然而，我們的活動是否有一定的限度呢？我們是否可以隨便改變任何東西？也許，這裡有一定的界限？就是說，有些東西是可以改變的，有些東西是不能改變的，甚至是不需要改變的，沒有必要改變的。這樣的問題是存在的，而且很尖銳。我說過，在自然過程與人工過程之間沒有原則差別。但是，它們畢竟是不同的過程。它們之間的關係如何？這也是個特殊的問題。

第四章 合理性與人的未來

本章主題是設計,這是現代新技術問題,它還關係到人及其可能的未來問題。

我從這樣一個問題開始。一般的人,任何一個具體的人,每個人都希望知道等待他的未來是什麼。通常情況下,我們知道自己活動的最近的結果,當我們做什麼事情時,知道這個事情導致的近期後果。如果不能知道後果,那麼我們就無法做任何事情,我們的行為也不會取得理想的成績。甚至當我們只是看周圍的事物時,也是在關注最近的未來,我們會假定在下一個時刻等待我們的是什麼,儘管我們對此沒有明確意識。在我們的活動裡,總是有對未來的指向,包括我們的認識活動。

當然,人不僅僅想知道其行為的近期後果,他更想知道遙遠未來的情況。對遙遠未來的知識,這是比較複雜的,但人卻非常想知道。在歷史上,人們利用不同的方法來獲得關於未來的知識。比如,人們曾經從事過占卜,求助於占卜者,後者通過一些特殊方法,似乎可以預知別人的未來。後來出現了一種特殊形式的活動，即科學的活動。這個活動就是對自然界和社會過程所遵循的規律的認識，在這些知識的基礎上，可以預測未來。

然而，即使知道自然界和社會過程所服從的規律，也不一定總是能對未來過程做出精確的預測，這是很複雜的。如果我們研究的是封閉系統，針對在其中發生的一個過程，我們能夠控制影響該過程的所有因素，那麼，就可以做出非常準確的預測。也可以通過人工方法製造這樣的封閉系統，比如，做實驗的時候，就是在製造這樣的封閉系統。

但是，在自然界和社會裡存在的大部分系統都不是封閉的，而是開放的，就是說，有來自於外部的各種因素對其中的過程發生作用和影響。對這些因素的精確控制是很難的。所以，對自然界裡發生的很多過程，很難做出預測。我們可以在一定程度上預測天上星體運動的軌跡，但是，在很多其他情況下，預測就不一定這麼容易。比如說，秋天到了，樹葉開始下落。我可以預測，當秋天到來的時候，樹葉就會從樹上落下來。這個預測是正確的，這個事情一定會發生。但是，如果你指著樹上的某一片葉子，讓我預測，它將以什麼方式、在哪個時刻從那個樹枝上落下來，我做不到，因為這樣的預測是不可能的，儘管我們知道樹葉從樹枝上落下來時所遵循的所有規律。這片樹葉從樹枝上落到地上的軌跡依賴於各種因素的作用，比如當時空氣的流動等，這是很難提前精確地預測出來的。

所以，大致上的，一般的一些預測是可以做的，但是具體的預測就比複雜了。很難預測在空間具體的某個點上在什麼時候會發生什麼事情。尤其是針對社會過程，預測就更難了。在這個領域裡，人們也在做一些預測，但他們要給出事情發展的幾個可能的方案。通常情況下，給出社會發展的兩個、三個或四個方案，至於說其中的哪個方案會實現，提前很難說。

對未來而言，獲得關於未來的知識，還有另外的方法，即不僅僅是嘗試預測未來的事件，特別是那些通常不取決於我們行為的事件，而是建構未來，這樣的未來是完全可以預測的。我們經常這樣做，在我們的行為中，設定某種目的，然後嘗試實現這個目的，最後所獲得的結果就是我們自己的行為導致的。假如我們不去設定目的，不去努力實現設定的目的，那麼就不會有這樣的結果。所期望的結果之所以會出現，是因為我們行為的目的就是讓這個結果成為可能。我們設定一個目的後，就要選擇手段，這些手段有助於實現我們所希望的目的。如果說這個手段是非常複雜的體系，在今天，這樣的情況是經常出現的，那麼，我們的意圖，包括我們的目的，所希望的結果，加上複雜的手段體系，就是所謂的規劃。我們規劃自己的未來，設計一個規劃。

預測和設計不是一個東西，所以不能把它們混淆。我們在前面曾經舉過一個關於銀行的例子，有個人預測銀行要倒閉，結果銀行真的倒閉了。但這個銀行倒閉的原因是預測的人說出自己的預測後，儲戶把錢都提走了，結果銀行就倒閉了。因此，實際上這不是預測，而是設計。這個人設計了一個新的情景。當然任何設計和規劃都以一定的預測為前提。要使你的設計實現，你應該知道，如果使用某些手段，它們會導致所需要的結果。那位預測了銀行倒閉的人，當然他沒有對銀行的命運做出預測，而是努力自己控制銀行的命運，讓它倒閉。但與此同時，他也做出了一定的預測，這個預測就在於：如果我做出這樣的聲明，那麼儲戶就會把錢提走，銀行就會倒閉。他知道，這些儲戶肯定會這樣做的。如果什麼都不能預測，那麼也就不能設計任何東西了。

設計龐大的規劃，複雜的技術系統之所以可能，是因為出現了新類型的科學，即現代實驗科學。這種新型科學與古代科學不一樣，與古希臘的科學不同。在古希臘，科學的任務是認識世界，描繪世界裡發生的過程，但不是為了設計新的技術應用方面的東西。實驗科學一開始就與技術活動有關，實驗就是一種技術活動。幾個世紀以來成功發展的現代工業，新的技術工藝都是在這種新型科學的基礎上發展起來的。所以，新型科學在其中獲得特殊發展的這種文明有時候被稱為技術統治的文明。

有研究者經常說，今天世界上的很多國家都進入新的文明發展階段，這個文明就叫知識文明。其中，生產和利用知識發揮著重要作用，並決定所有的其他社會過程。出現一個以前未曾有過的現象，即所謂的技術科學（техно-наука）。這是什麼意思呢？在一定程度上，歐洲的科學始終與技術有聯繫。不過，畢竟有這樣一個科學領域，它並沒有直接指向技術。然而，現在，科學的很多領域越來越密切地與技術工藝的應用聯繫在一起，應用科學與基礎科學相互之間的作用越來越密切，於是就出現了這個新現象，即技術科學。科學越來越成為改造世界,構造新技術現實的因素。

直到不久之前,科學以及借助于科學所形成的工藝、技術主要指向對自然界的改造,與此相關產生一些問題(如生態危機等),我們已經考察過了。那麼,最近一段時間以來,這個新類型的科學以及與之相連的工程技術越來越多地指向人,指向對人及其生命自身進行重大改造。這已經是最新的現象,應該對這個現象進行哲學思考,因為它有哲學的意義。

我們現在看看信息技術和交往技術。事實上,這些技術在改變人的世界,儘管人自己對此並不是總能夠意識到。人們一直生活在不同文化裡,每個文化都有自己關於世界和人的觀念,關於生活中的主要價值的觀念,儘管不同的文化之間,這些觀念是不同的,但是所有的文化都有一些共同的特徵。我們在這裡說的是,新技術對人的活動的根本基礎產生影響,就是對所有不同文化的共同特徵產生影響。人的生活自身發生改變,也許人自身也在改變。

我提到的信息技術似乎僅僅是手段,它們使得人們之間的聯繫,各地區之間的聯繫變得更方便,更簡單。這是獲得更多信息的方法，可以獲得以前無法獲得的信息。我們看一個非常簡單的東西，比如手機，非常方便的東西，我們都在用。但是，手機的使用已經改變了我們的生活，儘管我們不一定意識到這一點。以前，我們在單位工作，回到家裡後，我們就可以休息了，把工作放在一邊。現在我們有了手機，如果開機，那麼你無法躲藏，甚至你離開家，到森林裡散步，手機照樣工作，人們還是可以找到你的。當然，你可以把手機關掉。但是，當你再開機的時候，你還是會瞭解到，有人和你聯繫過，所以你還得回復。在這個意義上，你的生活是很透明的，無法躲藏。手機電話已經是我們生活的一部分，沒有它已經不方便了。我們已經習慣了手機，拿走我們的手機就等於剝奪了我們生活中的重要的東西。互聯網的情況也是如此。在互聯網和計算機裡，你的大量信息都存在其中，假如你的計算機發生點什麼事情，比如文件和信息都丟失了，那麼這對你的生活而言可能是個悲劇，等於你把自己的一部分丟掉了。技術成為生活的一部分，甚至成為你身體的一部分。你已經與技術長在了一起，儘管你對此不一定有意識。我認為，在這方面的發展還會繼續的。

在互聯網裡，存在一種特殊的現實。我不知道在中國的情況如何，在俄羅斯，很多青年人把大量的時間用在互聯網上，對他們而言，互聯網不僅僅是生活的一部分，甚至是比其生活的另外一部分更有意思。有這樣的病人，比如嗜酒，酒癮，就是對酒有依賴性，即酗酒。現在，心理學家們引入一個新的術語——網癮，就是對互聯網的依賴性，這是一種新型的依賴性。沒有互聯網，有些人就不能生活，因為這對他們而言比其他部分的生活更為重要。

互聯網是一種新的現實，新的空間，叫虛擬空間，這裡的生活是一種特殊類型的生活，使用互聯網的人們之間的關係也是特殊類型的關係。當你過一種普通的現實生活時，你知道自己在做什麼，做出某種行為，你要對自己的行為負責，因為以後人們可能要對你的行為進行詢問。這一點我們都清楚。換言之，在現實生活裡，對你的行為有一定的限制。你的行為不可能是隨意的，有些事情可以做，有些事情是不能做的。但是，在網絡裡，這樣的依賴性，這種程度的依賴性就被消除了。比如，在聊天室裡，在博客裡，你可以寫一些東西，而且可以不以自己的名義來寫，你可以選擇一個筆名、網名。在這個名字下，你可以隨便寫。你也可以改頭換面，換成另外一個人。比如，一個人在網上給某人寫信，講述自己，他可以說自己是個20歲的年輕姑娘，非常漂亮，在某個地方學習等等。但事實上，他可能是個老頭子，在另外的某個地方。問題是，除了他自己外，這一切誰都不知道。

在現實生活裡，如果你想發表文章或出版書，你要嚴肅對待，認真寫文章或書，然後審閱的人或編輯還要讀你的文字。他們可能贊同出版，或者不贊同出版。如果是個好作品，就發表，不好就不發表。但是，在網絡上，你可以發表任何東西，任何胡說八道的東西都可以掛在網上。在一般的文化裡，總是區分作者和讀者。有這樣的人，他們可以寫東西，同時他們也可能是讀者。不過，在現實生活裡，並非所有的人都能成為作者，儘管每個人都可以寫點東西。尤其是有價值的好作品是專門的作家寫出來的。但是，借助於互聯網，作者與讀者之間的界限沒有了，每個人都可以成為作者，可以寫任何胡說八道的東西，都可以掛在網上。

在任何活動領域裡，對人們的行為和活動，都可以做出評價。如果你做的不好，那麼你的活動就不被人們接受,說你沒有很好地完成這個工作,甚至認為你不適合在這個領域裡工作。這裡有辦法對你的行為結果進行評價。如果這個結果的質量不好,那麼這份工作就可能不被接受。但是,在網絡裡,這樣的標準和方法是沒有的,這裡沒有對質量的評價,沒有過濾器。這種過濾器可以把一些東西作為殘次品淘汰掉。但是,在互聯網裡,很難建立這樣的機制,因此可以隨便發表任何東西。

信息技術的出現及其在全世界的傳播,製造了新的現實,前所未有的現實,這是人的生活中的新現實。這個新現實對人的生活進行改變,如果願意的話,可以說,在製造新類型的人。此外,很多人對互聯網沒有準備好,他們感覺到措手不及。也許,以後會制定出在互聯網裡工作和生活的規則和方法,但目前在這方面沒有什麼進展。

我認為,這裡出現的不僅僅是信息技術,這裡出現了新類型的技術,它與信息技術相互作用,可以在更大程度上改變我們的生活,而且在更大程度上能夠改變我們的生活。不久前出現這樣一個俄文縮寫詞,БНИК,全稱是био-ноно-информационая и когнитивная технология,意思是生物-納米-信息和認知技術。這是一個綜合體，即生物技術、納米技術、信息技術、認知技術的綜合體。很多學者認為，正是現在，這些技術的發展是整個文明發展的新階段，至少在經濟領域是如此，尤其是在那些強化地發展這些技術的國家裡，它們在最近幾十年內依然會佔據主導地位。所有這些技術都是在相應的科學研究基礎上被研製出來的。這是個很好的例子，它表明，現代科學在導致技術發明之後，越來越強烈地參與到人的生活。上述四種技術的聯合不是偶然的，因為它們相互之間非常強烈地相互影響和相互作用，因此，它們是相關的技術，相互之間是聯繫著的。

生物技術與基因工程技術有關，這裡提供一種對人的基因系統發生作用的可能性。這種可能性建立在對人的基因圖譜的知識的基礎上。基因譜圖很容易就可以破譯出來，在此基礎上，可以對其中的結構做出改變和調整，就是讓基因發生突變。

到目前為止，我們研究的都是大尺寸的物體，宏觀物體，比如製造汽車、車床、導彈、原子彈等等，這都是我們可以用肉眼觀察的對象。以前的技術就是這種類型的。納米技術所針對的是另外一種類型的對象，其尺寸非常小，達到分子層面。這個技術已經被人類掌握，而且還會繼續發展。

認知技術與對人的大腦的研究有關，在大腦裡嘗試改變一些東西，從而改變人，改變其認知過程。

前面提到，這些技術之間相互聯繫著。比如，為了研究大腦，對大腦進行作用，就要用到納米技術。為了影響基因系統，也會用到納米技術。總之，這四套技術相互之間的聯繫非常密切。最主要的是，這些技術可以提供對人進行影響的很多新的可能性。有時候，這些影響是令人難以置信的。與此有關，出現了大量的規劃，其中有一些規劃已經在實現，關於另外一些規劃，目前只是在討論中。很多專家和學者在設計令人難以置信的規劃。

現在我專門談一談這些令人難以置信的規劃。這些新的可能性的確非常神奇。讓我們看看現代基因工程技術所導致的後果。假如一個人的基因發生病變，可以借助于基因工程技術消除這些病變，甚至在人還沒有出生，在娘胎裡，如果知道他的基因圖譜，那麼就可以借助于基因技術消除這些這些病變，使他成為更健康的人。這個規劃當然是好的。但是，還可以繼續進行，使人成為比他本來的狀態更好些。比如，對人的基因進行處理，使他更強有力，更有忍耐力，更聰明，更健康，這也是極有吸引力的規劃。而且目前有些國家就在制定這樣的規劃。在美國國防部曾經啟動一個研究計劃，研製"理想士兵"。可以利用現代技術對人進行作用和影響，比如對他的大腦進行處理。可以獲得這樣的結果，士兵會更有忍耐力，睡覺很少，跑的快，而且在特殊處境中能夠做出快速反應，甚至可以給他安裝一個儀器，這樣他看到的東西會更多，對外界信息接收要比普通人快。這就是所謂的肉體變異，即在一定程度上，改變人的肉體（關於這一點，下面詳細討論）。

在現代技術條件下，這些對人的身體進行設計規劃是可以實現的。當然，這樣的規劃是非常昂貴的。在任何一個現代國家裡都有富人和窮人。富有的人就可以預先設計自己的孩子，使他更健康，更聰明，更強壯，身體方面更具忍耐性。但是，窮人就沒有辦法了。於是就會出現不同類型的人，他們相互之間不再相像。因此，他們不可能是平等的，不可能擁有平等的權利。那麼，我們在政治生活領域裡，關於人人都有平等權利的觀念就變得無意義了。就是說，這裡出現了新類型的人。人和人之間不再平等，這將是些不同的人。這一切都與新技術有關。

此外，還可以製造新材料，借助于納米技術已經在製造新材料，這些材料以前在自然界裡是沒有的。還可以製造新類型的動物，自然界自身沒有創造過的動物。有這樣一個想法：在生物進化過程中，出現了各種類型的動物，後來出現了人。現在，在現代進化階段上，人變得更聰明，並且由現代科學、技術武裝，那麼，他就可以控制進化過程。進化就成為可控的，而不是一個自發的過程了。因此，似乎這裡有了一個新的前景。我們借助于納米技術可以操縱原子和分子，甚至可以製造新的分子，總之可以製造出新類型的自然物質。支持這些思想的人提出一個口號：人應該超越自然限制。當然，人不能違反自然界的規律，因為這些規律不依賴於人的活動。但是，在這些規律的範圍內，通過對規律的掌握，人可以對各種物質材料進行組合，製造新的物質形式，包括新的生命形式，最後，人的確將成為自然界的主人。這些看起來都是非常離奇的，不可思議的，但是，類似的規劃目前已經在討論。

還有一個現象。直到不久前，現在依然如此，人們擔心生態問題，擔心人與自然界的關係問題。人們關於生態危機寫了大量的東西，還有一個世界生態運動在關注生態問題。的確，在整個世界上存在著生態問題。但是，那些堅持利用現代技術的人認為，生態問題是存在的，但是暫時的問題，未來可以通過非常簡單的方法來解決。但不是讓人的活動與自然界的過程一致，不讓人的活動導致自然界向我們不希望的方向發展、退化，而是借助於各種技術，比如納米技術改變自然界。

還有一個目前也在熱烈討論的與新技術有關的問題，這就是延長壽命。很多人都在談論這個問題，寫了很多東西。科學家們也在研究，如何延長人的壽命。每個人都希望自己能活的更長久。從人一開始在大地上存在，生和死的問題一直令人不安。不久前我在莫斯科聽了一個著名科學家的報告，他在科學院工作，是一個研究所所長，科學院院士。他就在研究如何延長人的壽命。他說，他們現在已經有了這樣的可能性，讓人活到120-125歲。有些基因在控制生命的長度，他們就在破解這些基因的密碼，然後對這些基因進行作用，結果就可以延長人的生命。新技術支持者們認為，問題不在於僅僅延長壽命，而是把生命無限延長，使人成為永生的，永遠不死的。如何可能呢？通過對人的基因系統進行處理，找到負責生命長短的基因機制，即決定人在一定年齡上就得死去的機制，從而可以解決問題。此外還可以借助于納米技術，因為在納米技術層面上，可以製造出非常小的分子，讓它們清潔人的血管。因為我們知道，人的血管最終會形成血栓，堵塞，從而發生各種病變。如果經常清洗，就可以延長生命，直到無限地延長。

我說這些東西，不是因為它們是不久將來的現實，而是因為很多科學家們都在討論這些問題，在世界各地出現很多運動，對待這些東西都很熱心。甚至有一些處在開始階段的規劃，比如我已經提到過的"理想士兵"計劃，已經在實施，此外還有其他規劃，都在這個方向上進行。

我想討論的不僅僅是"這是否可能"，而且是"這是否可能和是否需要"。有這樣的東西，關於它可以說可能還是不可能，但也有這樣的東西，關於它可以問，需要還是不需要。並非所有可能的東西都是需要的。在我們俄羅斯有個著名作家，叫契科夫。有個女士來找契科夫，向他提了一個奇怪的問題，能否在地球的一端挖個洞，一直挖到地球的另外一端。契科夫不是物理學家和地理學家，他受的教育是醫學,是個醫生,所以他不知道,事實上這是不可能的。但是,他想了想,回答道:可以,但不需要。

我也想這樣來思考問題,比如說,可以製造永生的人。我自己不相信這是可能的。但是,假如說可能的話,那麼由此會有什麼結果呢?當然,那些支持改變人的肉體、大腦、基因系統的人是非常自信的,認為自己知道一切,知道自己對人身上的細微結構的改變所帶來的後果。然而,這只是他們的盲目自信而已。因為我們實際上對這些細微結構知道的很少,常常是不知道對這些結構進行影響和作用的後果到底是什麼。如果在不知道後果的情況下,就對這些細微結構進行影響和作用,這是非常危險的。這和當時人們對待自然界的情況是一樣的。人們曾經對自然界進行作用,希望自然界符合自己的利益。但是,對自然界進行改造和改變所導致的結果就是生態危機。這個結果是眾所周知的。現在,人們希望改變人,完善他。但是,結果可能是沒有完善人,取而代之的不是更為完善的人,而是更糟糕的人,這是完全可能的。當然,我們關於人,關於人的基因系統知道的很多,遠比以前多,但我們知道的畢竟不夠充分,以便能夠改變和完善人的基因系統。

為了我們的討論，我做個假定，就是我們徹底認識所有這些機制，精細的機制，也知道我們行為的結果，於是我們就製造更為完善的人，他將長時間地生活，甚至不死。假如這個情況發生了，那麼對人而言，對人的文化而言，這將要導致什麼後果呢？那時候，將要發生的情況是，在任何一個人的生活裡，在任何文化裡，那些非常重要的和有價值的東西將喪失一切意義。比如我們知道，在危險的情況下，我們要做出某種行為。這個行為對我們是危險的，甚至有生命危險，但我們還是實現這樣的行為，這是在實現一個勇敢的行為，自我獻身的行為，而且我們知道這個行為的危險。假如人是不死的，那麼他為什麼還要做這樣的行為呢？因為反正他也不死，那時，人的這種自我獻身精神、勇敢精神將喪失一切意義。在每個文化裡，人們都關注老人和孩子，因為他們不能完全保衛自己。但是，如果老人們永遠不死，和我們一樣健康，那麼，關注和關懷這樣的詞自身就將失去一切意義。一個人對另外一個人的關懷，這種行為將喪失一切意義，成為不需要的。

任何一個文化的發展都和代與代的更替有關。假如始終是同樣的一些人，那麼，文化的發展也將喪失意義，而且對這樣的人而言，文化自身就成為不必要的。這樣的人已經不再是人，事實上的確不再是人，而是被稱為後人(постчеловек)，即在人之後的東西。在世界上有這樣的運動，有這樣的人，他們為後人的出現而歡呼。這個運動也叫後人道主義（постгуманизм）或超人道主義（трансгуманизм），即走出人的界限。就是說，現代科學的發展，以及與之相關的技術的發展，技術科學的發展，導致人們嚴肅地探討後人的未來，後人是否可能等等，關於這些問題已經有人在寫書，寫文章。

事實上，如果這是可能的（但我認為，這是不可能的），那麼，這也是不需要的。假如是可能的，那麼這個後人將不是人的發展，而是人的殺手，人將結束自己的存在，出現的將是新的東西，不可理解的東西。因此，人類的這個未來是令人擔憂的。關於後人的可能性，對人的肉體、大腦、心理等等的改變與完善的可能性，所有這些思想都建立在對科學的一定理解，對合理性的一定理解的基礎上。這個理解是有缺陷的。那麼如何理解合理性，如何理解科學？它們之間的關係如何？因為這一切直接涉及到上邊我們談及的人類未來的前景。

事實上，合理性、理性是人的生命中最重要的價值之一。在任何社會裡，在任何文化裡，對理性與合理性都給予很高的評價。因為顯而易見，如果我們做出合理的行為，就可以獲得所希望的結果。如果我們的行為是不合理的，那麼就不可能獲得所希望的結果。

在合理性裡，我們可以區分出兩個組成部分。第一個是形式的合理性，即如果我們進行推理，那麼推理的結果應該出自於某些前提，以保證我們的討論是正確的，符合邏輯規律。還有一種合理性是指實踐活動的合理性，指的是如果你要達到某種目的，那麼就要選擇符合你的目的的手段。沒有相應的手段，就無法達到任何目的。

然而，形式的合理性是不夠的，它無法保證我們的推理和行為在事實上是合理的。形式的合理性很重要，但不充分。遵守這些形式規則是非常重要的，但它們在事實上並不能保證我們的活動是合理的。比如，一個人這樣推理，每個活的存在物，如果搖動它的前肢就可以飛行。我搖動我的雙手（前肢），從窗戶上飛出去。那麼，你不可能向上飛，而是大頭朝下飛下去了。從形式上說的話，這個推理是正確的。但事實上,他的前提是錯誤的。因為活的存在物搖動前肢就可以飛行,這個前提在事實上是不成立的。

針對實際合理性,比如我有一定的目的,按照我自己的喜好選擇的目的,這一點很重要。然後尋找符合這個目的的手段,於是就開始行動。然而,我沒有考慮到其他人。他們有另外的目的,與我的目的有別,因為他們的喜好與我的喜好是不同的。如果我們都開始自己的行為,這些行為會發生相互作用,甚至是相互干擾,結果我無法達到自己的目的。所以,為了合理地行事,不僅僅要考慮世界的結構如何,而且還要考慮其中的處境如何,這樣才能獲得合理的結果。

總之,在不同文化裡,不同的科學發展階段上,對合理性的理解是不同的。比如,有不同類型的合理推理,有不同類型的合理行為,等等。

亞裡士多德認為,下面提出的問題是不合理的和無意義的:我向上拋出一塊石頭,它的下落軌跡是什麼樣的?對亞裡士多德而言,這是個不合理的問題。因為關於世界,亞裡士多德有自己的另外一套觀念,與我們的觀念不同。現代物理學和力學有一個論斷：可以計算出任何一個物體的運行軌跡，假如我們知道力學規律以及物體在其中運行的環境。亞裡士多德認為，問題不在這裡，而在於運動的物體都朝向其自然的位置運動，每個物體都有自己的自然位置，它就會向那個位置運動。至於怎麼運動，以什麼方式運動，這是不清楚的。如果向上拋一塊石頭，它最終會掉落到它的自然位置，至於如何掉下去等問題，這是不清楚的。

在現代數學裡，我們研究無理數，比如，π 表達的是圓的周長與直徑的關係，其數值是3.1415……，可以無限地寫下去，沒有終點，這就是無理數。現代數學在研究這些無理數。在現代數學裡，這被看做是完全合理的。當古希臘人遇到這個問題時，他們無法終止這個數字，並因此陷入恐慌，認為這是不合理的、不理性的，因此不能研究這樣的數，應該把這樣的數字從數學裡趕出去，而且他們真的把這類數字趕出自己研究的數學領域。對希臘人而言，研究無理數是不合理的行為。但是，對我們來說，這樣的數字（無理數）是合理的，符合我們關於世界的觀念，關於人及其行為的觀念，儘管它們與有理數有差別，但可以對它們進行完全合理的研究。

然而，人在理性方面是有限的。人是理性的存在物，但不僅僅是理性的存在物。即使當人理性地推理的時候，他也不可能是絕對理性的。

首先，人是有限的，這一點表現在很多方面。比如人在自己記憶的規模，大腦的容量，計算能力方面，都是有限的。為了正確地推理，我們不但要理解我們處於其中的情景，而且還要用到我們以前獲得的知識，這些知識保留在記憶裡。但是人的記憶不是無限的，人的記憶裡只能儲存有限數量的信息。所以，在某些場合裡，計算機比人更合理地運行，更合理地推理，因為它的某些存儲能力超過人的大腦。當時有個著名的事件是象棋世界冠軍與計算機一起下棋。就目前情況看，戰勝計算機是很難的。不過，有時候，世界冠軍還是能夠戰勝計算機的。但是在未來，隨著計算機的完善，人根本無法戰勝計算機。計算機按照另外的方式思考和推理，與人是不同的，而且，計算機最明顯的優勢是其運行速度快，比人的計算機速度快得多，所以，在某些情況下，計算機遠遠地超越了人。這是人的理性的一個限制。

其次，人的另外一個局限是，在大多數情況下，當我們採取決定的時候，並不佔有全部所需要的信息。就是說，在採取決定時，我們實際上不可能把所需要信息全部找到，而只擁有部分信息。因為採取決定的時間是有限的，不可能把所有可能方案都檢查一遍，獲得所有信息。所以，我們在採取決定時，處在一種所謂的有限理性的條件下。

再次，人在生理和心理方面也有其特點，它們妨礙人成為絕對理性的存在物。有兩個美國心理學家不久前對人做了一系列專門的實驗，檢查人在多大程度上是理性的。他們發現，有這樣的情況，最理性的人，最合理性的人，如數學家，也必然要犯錯誤。但是，計算機在這些情況下就不會犯錯誤。美國心理學家對這些情況進行了精確的描繪。

當然，人和人是不同的，有不理性的人，非理性的人。但是，每個人在一定程度上都是理性的。不同的人，其理性程度是不同的，有的人更加理性些，有的人不那麼理性，然而，甚至最理性的人也受上述三方面的局限。

那些支持對人進行改造的科學家認為，在某些方面，可以把人變得更加理性，在行為上更合理。怎麼辦呢？他們提出兩個方法。

第一個方法是更緊密地把人與計算機聯繫在一起，讓人對計算機的依賴比現在更大，讓人始終坐在計算機前，因為計算機在很多方面比人強，很多事情做得比人好，因為計算機沒有情緒，也不著急，計算又準確，只要你發出命令，計算機就會執行。因此，計算機類似于人的助手。通過特殊裝置讓人的身體與計算機長在一起。

改善人的理性的第二個方法是這樣的。人的行為經常是不合理的，因為他在為自己提出目的時，總是遵循自己的喜好，看什麼東西對他重要。至於說這些重要的和需要的東西，他經常是非理性地（不合理地）進行選擇的，從某種文化裡業已形成的一些觀念出發。支持改進人的理性的科學家們認為，事實上，可以這樣做，就是讓人們只選擇這樣的偏好，其表達與他們生活在其中的那個社會的理性生活有關，那將是些人們之間的非常理性的關係。嘗試制定對人進行完善，對社會進行完善的龐大規劃的科學家們是這樣推論的：人們在設定目的時遵循社會中現存的價值，它們在很大程度上已經過時，因為它們是在很早以前形成的，當時人們沒有像現在這樣聰明、理性，沒有達到應有的理性程度。因此，科學家們認為，應該讓这些價值符合人的新的發展階段和相應的需求。在他們看來，人的基本需求應該是很簡單的：健康，長壽（也許是永生），合理的推論，尤其是合理地採取決定，人們之間相互交往，等等，就是這樣一些簡單的需求。那些不符合上述基本需求的東西，都要排除掉。這樣就會出現新的社會，在這裡，人們將是非常理性的、長壽的，甚至根本不死，他們沒有痛苦，沒有煩惱，也沒有什麼勇敢，因為都不需要，自由也不需要了。一切都是可控制的，被合理地支配的，於是也就不需要單獨地採取任何決定，一切都已經解決了。

這個觀念的實質就是，在科學的基礎上，在對人及其主要特質和需求的理性理解的立場上，可以設計更加完善的人，更完善的社會。這個思想事實上有其歷史，以前就有人提出過類似的思想。比如美國心理學家，行為心理學的著名代表斯金鈉（Burrhus Fredetick Skinner, 1904-1990）從事教育設計問題研究，在這個領域做了很多事情。大約30年前，他在自己的科學探索的基礎上（即對教育的設計研究），研製一個理想社會的規劃，叫做"在自由和尊嚴的彼岸"，這也是他的一本著作的名稱。他認為，在理想社會裡，一切都合理地被思考了,自由和尊嚴就不需要了,它們都是過時的價值。

關於完善的人和完善的社會的所有這些思想和規劃,我認為都是離奇的,不切實際的。在其中既不需要自由、勇敢,也沒有痛苦,這樣的社會是不可能實現的。這些規劃的基礎也建立在對科學的一種理解,對理性、合理性的一種理解的基礎上。但是我認為,這個理解是不正確的。

關於合理性,實際上有兩種理解。與此有關,對科學也可以按照這兩種不同的方法來理解。對合理性的第一種理解,我稱之為封閉的合理性。這裡指的是,有某種科學理論,它在實踐上適用,獲得證明,從這個理論的結論出發,可以預測未來事件,就是說,理論獲得實踐的證明。在這個理論的基礎上,可以研製某種技術。於是,這個制定科學理論的行為就是合理的。這個合理性就在於,人們從該理論的原理出發,借助於這個理論解決一些問題,然後,在該理論框架下繼續提出問題,等等。這是一種類型的合理性行為。這不僅僅是一種理解,而且是生活中的事實,科學就是這樣發展的。這樣的工作很重要。有理論,它獲得了很好的驗證,我們在這個理論框架下工作。但是，這個合理性處在一種封閉性之中。

封閉的合理性還有一種形式。當我採取某種實際行動時，這裡的合理性在於我知道我需要什麼，我有自己的愛好或傾向。據此，有些東西對我是重要的，有些東西不那麼重要，還有一些東西更不重要。當我採取行動的時候，總是處在一定處境裡，需要做事情，出發點是某些愛好或偏好，然後選擇在此處境下最重要的東西，與此相應提出目的，制定手段以達到目的，最終的確能夠達到目的。這樣，在我的現存偏好的體系裡，我合理地行動。這也是封閉的合理性。前面說的那些思想，比如改變人，建立這樣一種理想社會的可能性，在那裡，人的很多特質都成為不需要的，比如自由等對我們而言是人的不可剝奪的特質，都將成為不需要的。這些思想的基礎就是上述的封閉合理性。這不僅僅是一種關於合理性的觀念。這個觀念有重要意義，我們當然不能拒絕這樣的觀念，事實上，我們都在這樣做，這樣行動，在未來也要這樣行動。但是，問題在於，這個觀念是不充分的，需要在更為廣泛的意義上理解合理性。

對合理性的第二種理解，或者說第二種合理推論和行動的方法，我稱之為開放的合理性。在封閉的合理性中,我們從某些前提出發進行推論,利用現存理論提出和解決問題。那麼,當我們走向開放的合理性時,我們開始探討這些前提自身,可以對它們提出懷疑,重新考察它們。就是說,我們似乎是在走出現存的合理性體系,走向另外一個體系。

比如,在幾個世紀裡,人們一直認為牛頓所制定的力學,即牛頓的經典力學是清楚的,無可爭議的,在其範圍內曾經獲得很多成就。在牛頓經典力學規律基礎上,獲得了實際結果,發展出技術和工藝,解決很多問題。兩百年來,科學家們都以這個力學為基礎,誰都沒有想過,可以走出它的界限。20世紀初,愛因斯坦開始懷疑牛頓力學的某些前提。這些前提曾經是自明的,比如,時間和空間是現實的不同存在形式。愛因斯坦說,根本不是這樣,時間和空間是相互聯繫著的。

當愛因斯坦建立自己的狹義相對論時,有個記者問他,您怎麼能懷疑顯而易見的東西呢?比如,時間是一回事,空間是另外一碼事,這是毫無爭議的事實。在您這裡,它們聯合在一起了,這是怎麼回事呢?愛因斯坦開玩笑回答說:在學校裡好好學習的人知道,它們是不同的東西,但我在學校裡沒有好好學習,所以我不知道。

當從一個前提體系範圍內走向另外一個體系時,在另外一個體系裡接受的是不同的前提,那麼,在這兩個不同體系之間將展開爭論,它們之間到底哪個更好呢?這是對世界的兩種看法。開放的合理性要求持不同觀點的人們之間進行交往、對話,要求批評和自我批評,這種合理性不是僅僅從某些前提出發就做結論,不是僅僅在通行的體系內進行推理。與此同時,這還是一種批判的思維方式,與開放合理性相關的是一種懷疑的能力,對顯而易見的東西進行懷疑,這是一種走出舊體系,建立新體系的能力。這是一種創造能力,創新的能力,因此這是很實際的,最實際的,這是合理性的能力,是合理性的非常重要的特點。

至於說實際的合理性行為,也是如此。今天有這樣一些理論,不久前它們曾經獲得非常認真的研究,比如在經濟學領域,在社會學領域也是如此,這就是所謂的合理性的選擇理論。該理論的所有模型都是建立在當事人的觀念基礎上,關於這樣的當事人我已經說過了,他可能在經濟領域裡工作,或者生活在社會裡,他有一定的偏好,據此提出目的,尋找實現目的的手段,並在實踐上實現這個目的。另外一個人有另外的目的,相應地,利用另外一些手段來達到自己的目的。他們相互之間不瞭解,不知道對方,他們是分離的。研究表明(包括數學領域的研究),如果他們這樣行為,那麼其中的每個人都將失敗,而不是成功,因為在行動上,他們之間必然出現相互干擾。這就是封閉類型的合理性,在很多實際生活場景下,這是非常不合理的。

我們想像另外一個相反的場景,在這裡合理性更有活力,更正確,這時人們之間不是相互隔離的,而是相互作用的,比如,他們相互探討自己的偏好和目的,最終也可以走向一定的結果,共同的結論,這些結果和結論讓所有人滿意。他們相互交往、爭論,討論哪種愛好更好些。這樣,不是每個人都失敗,而是都獲得勝利,都贏了,也許贏的不那麼多,像在封閉合理性體系中那樣,即其中的一個人戰勝其他人,似乎贏的人是更聰明的,輸的人是傻瓜。然而,在開放體系裡,每個人都贏,而不是像在封閉體系下可能發生的那樣,只有少數人贏,其他人都輸。這裡說的是交流,是溝通,對偏好的探討,在這個過程中,當你聽取對方意見時,考慮到你在其中行動的環境時,你的偏好會發生改變的。在有些情況下，如果生活、處境有要求的話，甚至價值也會發生變化。這就是開放的合理性，討論的合理性，批評和自我批評的合理性。改變他人，同時也改變自己。

說到哲學，比如世界哲學史，它恰好就是開放合理性的典範。因為整個哲學史就是不同哲學體系之間的爭論。這些爭論與對前提的探討有關，與批判和自我批判有關，這是對自己行為前提的批判。因此，哲學史是開放合理性的典範，是對開放合理性的充分展示。

如何使得開放的合理性成為可能呢？這裡需要人的什麼樣的特質呢？至少有兩個特質是需要的，第一，自由的存在。因為只有自由的人才能自由地尋找證據批判他人。如果他不能自由的探討，就不能走這條路。自由的價值與理性的價值是不可分割的，不自由的人就不能是理性的，這裡指的是開放的理性。人類歷史上構造了很多理想社會，如果這樣的理想社會能夠建成的話，那麼其中就不需要自由了。因此，這個想法是不實際的。假如我們把理性理解為開放的理性，那麼在現實中不可能有這樣的理想社會。第二，需要信任。為了與他人進行對話，進行討論，聽從對方的論據，我應該相信他，相信他不會欺騙我，他和我一樣地誠實，都對探索真理感興趣。信任是非常重要的價值，沒有信任就沒有辦法交流。自由與信任這兩個特質就是開放的合理性可能的條件。

因此，合理性不能局限於封閉的合理性，也不能歸結為技術的合理性，科學也不能歸結為技術科學，經驗技術，不能歸結為對世界上的一切進行改變的技術。

作為一種價值的合理性與其他價值並存。擁有這種合理性的人還擁有其他價值，比如關懷、愛、同情、勇敢，等等。所以，在合理性的完善社會裡，所有這些價值都不需要了，包括自由與信任這樣的價值，我覺得，這個說法完全是毫無根據的。不過，的確有人相信這一點，但這是對科學、合理性的非常狹隘的理解，這是嘗試把科學歸結為技術和工藝。這樣的技術和工藝設定目的，這個目的提前就是眾所周知的。然而，事實上，這個目的是可以爭論的，不是沒有爭議的，應該獲得討論。因為人是創造的存在物，理性與創造是不可分割的。合理性與其他價值是並列存在的。所以，我認為，我堅信，人要進入其中的那個新現實是技術現實，但它也要求重新考察這些技術的哲學問題，這些哲學問題與對人、人的本質的理解有關。在這裡，關於人的本質問題又被提出來。我們在多大程度上可以去改變人，但又不能讓他不再是人，而是讓他依然是人？這個問題以前也在討論，那更多地是在學術上討論，今天在更大程度上這是實踐問題，是我們生活中的問題。

目前人類進入自己發展的新階段。我提到的這些新技術，即生物技術、納米技術、信息技術和認知技術，為我們提供新的可能性。這些可能性是雙重的。人可以在自己的道路上上升到新的階段，這樣的可能性是有的，人實際上的確更加完善了，更加健康，更具創造力，更自由，他的生活也更豐富、更有趣了，這在以前是不可能的，這樣的可能性以前是沒有的。但是，還有另外一種可能性，就是人可以毀滅自己，毀滅人身上的那些價值和特質，沒有它們就不會有人。我當然堅信，人類會走第一個方案，人類不像是自殺者，它永遠也不會毀滅自己，它會找到方法處理新技術，掌控它。不但如此，它還能夠使這些新技術最終服務於人上升到自己發展的新階段。為此，對這些問題需要討論，包括一些哲學問題，比如什麼是合理性，人及其本質是什麼，對人的改變的可能性及其界限在哪裡，什麼是科學和科學性，什麼是工程技術，它們與科學的聯繫如何，這一切對人有什麼益處，等等，這些問題都有哲學意義。所以，在這個意義上，哲學的作用在大大地增加。對這些問題感興趣，願意對它們進行討論的人經常都求助於哲學。

第五章 20世紀下半葉的俄羅斯哲學

在當今俄羅斯哲學界，有一個非常著名的事件。2009和2010年出版了一套大型叢書，總共21卷，叢書的名稱是"20世紀下半葉的俄羅斯哲學"。我擔任這套叢書的主編。每一卷都很厚，大概是20到22個印章（平均有四五百頁），按照我們俄羅斯的說法，這是大部頭的著作。每一卷都分析在這個時期生活和工作的某個俄羅斯哲學家的思想。這些書出版後，在各大書店裡銷售，銷量也不錯。這套書對那些對哲學感興趣的人產生了很大的影響，而且這個影響不局限于哲學家，還包括在文化領域工作，但對哲學問題感興趣的人。人們開始討論這套書，已經舉辦了幾個圓桌會議和學術討論會，專門討論這套書。

1991年，蘇聯消失了，馬克思主義不再是我國官方的意識形態，於是在很多人那裡就出現了這樣的意見，在馬克思主義意識形態占統治地位的蘇聯哲學裡所創造的一切都過時了，都沒有太大意義。在報刊雜誌上出現一批相應的文章，作者們說，在蘇聯，1922年之後，哲學就不存在了。因為在這一年裡，有一大批哲學家，所謂的唯心主義者，宗教哲學家，乘坐"哲學船"離開蘇維埃俄羅斯，去了西方國家，比如別爾嘉耶夫、布爾加科夫等等。那些認為在蘇聯沒有哲學的人除了指出剛才我提到的這個事實外，即一批唯心主義哲學家離開了蘇維埃俄羅斯，他們又指出一個一般的論斷，說馬克思主義是個教條主義體系，在這個體系內，任何有意思的、活生生的哲學思想都不可能存在。如果你問他們，那我們俄羅斯的哲學今後應該如何發展呢？他們回答說，這個發展只有兩個途徑和根源，第一個是學習和利用現代西方的哲學，第二個是轉向十月革命前的俄羅斯宗教哲學。

事實上，在1991年之後，在這方面的確做了很多事情，當代西方哲學家的著作翻譯成俄語出版。在我們這裡，出現了很多西方哲學觀念的追隨者，比如在年輕哲學家中間，有分析哲學的支持者，有現象學的支持者，有後現代主義的支持者，可以說，大部分西方哲學流派在俄羅斯青年哲學家中間都有追隨者。與此同時，我們還出版了十月革命前的很多俄羅斯宗教哲學家的著作，這些著作一版再版，有些著作是第一次出版。《哲學問題》雜誌主持出版一套大型叢書，名稱是"祖國哲學思想遺產"，至今已經出版56卷，這裡收集了十月革命前俄羅斯哲學家的著作。在革命前的俄羅斯宗教哲學的研究領域裡，出現了一大批專家，出版了自己相應的研究著作。

但是，不久人們就清楚了，如果我們的俄羅斯哲學只是這樣發展，或者求助於現代西方哲學家，或者利用舊的俄羅斯哲學思想，那麼，我們會丟掉很多東西。因為事實上，"蘇聯時期沒有哲學"，或者說"蘇聯時期沒有真正的哲學"，這樣的論斷是錯誤的。情況不是這樣的，在蘇聯時期曾經有過非常有意思的和具有獨創性的哲學，提出過很重要的思想，這些思想現在也有活力，很現實。

這裡說的不僅僅是過去我們的哲學裡有什麼，即我們想要確定過去有過什麼，為不久前我們的哲學提供一個客觀圖景，這當然很重要。但是，問題不僅僅在這裡。更為重要的是今天依然有重大意義的思想，我們還在討論這些思想，還在返回到這些思想，其實，這才是最現代的哲學問題。在我們的《哲學問題》雜誌裡也發表過一系列文章，它們分析20世紀下半葉在我們的哲學裡發展出來的一些思想。

的確，20世紀下半葉是我們哲學的一個特殊時期，甚至可以說是俄羅斯哲學思想的一個高潮。因為在我們國家的哲學史上，蘇聯時期還是可以分為不同階段的。有這樣的階段，當時出現過很有意思的人，非常鮮明的個性，他們的思想很有值得關注，他們甚至出版了自己的著作，也發生過非常激烈的學術爭論。當然，也有這樣的階段，哲學的積極性遭到壓制，它沒有可能表現自己。比如在上世紀20年代，我國有一些非常有趣的思想家，而且他們當時沒有立即獲得學術界的承認，但後來卻獲得了全世界學術界的承認。其中有一個思想家是博格丹諾夫（Богданов А.А., 本姓Малиновский, 1873-1928），他是哲學家，但不僅僅是哲學家。他發表了自己的成果，奠定了一般的組織科學（тектология）的基礎。在博格丹諾夫活著的時候，組織理論領域的那些思想並沒有獲得廣泛的認可。過了50年之後，它們在世界很多國家裡都獲得廣泛的討論。

我們還有一位著名的思想家，也是位哲學家，文化理論家，就是巴赫金（Бахтин М.М.,1895-1975），他在20世紀20年代寫出了自己最初的作品。但是，在他活著的時候，他的思想沒有引起太大影響。過了50年之後，這些思想獲得全世界的承認。比如在英國就有一個國際中心，專門研究巴赫金的思想。

在上世紀20年代以及30年代初，我們的一位最著名的進行哲學思考的心理學家也在積極地工作，他既是哲學家，也是心理學家，這就是維果茨基（Выготский Л.С, 1896-1934）。在斯大林時期，他的思想不流行。在我國當時的學術界，他沒有什麼影響。但是在20世紀下半葉，在維果茨基去世後，他的書開始重新出版，他的思想成為現代心理學的核心思想之一。

在西方心理學界，維果茨基的思想在上世紀70-80年代就獲得關注，他被認為是世界心理學的經典作家之一。有位來自劍橋大學的現代英國哲學家曾經把世界心理學的全部歷史劃分為兩個時期，維果茨基之前的心理學和維果茨基之後的心理學。維果茨基的這些重要思想是在十月革命後提出的，當時，唯心主義哲學家們，宗教哲學家們已經乘坐"哲學船"離開了祖國，但是，哲學思想在蘇維埃俄羅斯，在蘇聯，並沒有消失。

總之，在20世紀20年代的確有一些非常值得關注的哲學家和哲學思想。當然，接下來是馬克思主義哲學教條主義化時代。1938年，斯大林著作發表，即《論辯證唯物主義和歷史唯物主義》。他在這裡表述了唯物主義和辯證法以及對歷史的唯物主義理解的主要特徵。官方認為，斯大林所寫的東西就是對馬克思主義哲學的唯一可能的理解，其他理解是不可能的。儘管斯大林對馬克思主義哲學的表述是非常貧乏的，如果我們看看馬克思和恩格斯自己的著作，那麼，他們自己對馬克思主義哲學的理解是更寬泛的。但是在那些年，人們認為，任何對斯大林所說的東西的偏離都是不能允許的。所以，在這些年，儘管在哲學領域裡也寫出過一些值得注意的著作，尤其是在哲學史方面，但是，哲學創作的可能性受到嚴重的限制。

上世紀50年代下半葉，所謂的非斯大林化時代到來。我們的哲學開始了一個高潮，這個高潮甚至是意外的，有時是很難解釋的。當時出現一批很有趣的著作，它們從馬克思和馬克思主義哲學的觀念出發，嘗試重新理解很多哲學問題。應該說，在這個時候，科學和科學認識開始引起研究者們的很大關注，比如，什麼是科學，什麼是科學理論等問題。這不是偶然的興趣，它與這樣一個情況有關，大約在那些年，在世界很多國家，包括蘇聯，都開始談論科學技術革命，討論在科學發展和與之相關的技術發展的條件下，發展社會主義的可能性，建立更加完善的社會的可能性。於是，哲學家們開始向自己提出問題，什麼是科學，什麼是科學認識，科學的界限在哪裡，科學性的標準是什麼，科學理論的結構是什麼，等等，它們成為廣泛討論的問題。

我國哲學界的這場運動，主要是對認識的研究，包括對科學認識的研究。它與我國當時發生的更為廣泛的運動有關，甚至不僅僅是哲學家，而且很多其他領域的專家也開始研究與此接近的一系列問題。比如，我們的心理學研究在這個時候也達到了一個高潮，維果茨基的思想獲得重新研究。在我們的心理學裡產生兩個學派，它們都在研究思維，思維心理學。一個學派由我們非常著名的心理學家列昂季耶夫領導，另外一個學派由我們的著名心理學家和哲學家魯賓施坦領導。當時，我們的學術界對控制論有很大興趣。在控制論和數學領域，人們開始研究邏輯問題，形式邏輯、象徵邏輯和數理邏輯等。哲學家也開始關注這些問題。

我們的哲學發展在當時出現的這種轉折，或者說是新階段的開端，首先與兩個人有關，一個是伊利因科夫，另外一個是季諾維也夫（Зиновьев A.A.,1922-2006）。他們倆個人副博士論文答辯都在這個時候舉行，伊利因科夫是在1953年9月答辯的，過了一年，1954年，在斯大林死後幾個月，季諾維也夫通過了自己的副博士論文答辯。實際上，他們副博士論文所涉及主題幾乎是一樣的，都分析馬克思主要著作《資本論》的邏輯結構，即馬克思是怎麼進行思考的。他們的出發點也是一樣的。為了寫作《資本論》，建立關於資本主義的理論，撰寫三卷大部頭著作，馬克思利用一個邏輯方法，他們稱之為"由抽象上升到具體"。當然，根據這個名稱很難看出指的是什麼。這裡說的是馬克思用了什麼方法。與此相關，一般而言，兩篇學位論文也都涉及到了科學問題，即在科學裡用什麼方法來解釋事實，表述事實，揭示和表述某種規律性，如何建立科學理論，等等。兩篇副博士論文的主題是一個，但按照不同的方式獲得討論。他們對馬克思是如何工作的提出了不同的理解，與之相關的問題是科學是如何建立起來的，他們也提出了不同的理解。

伊利因科夫和季諾維也夫倆人都有自己的學生，因此，也可以說當時出現了兩個哲學學派。在這之前，在我們的哲學裡沒有哲學學派，至少在此前十到二十年裡沒有出現過哲學學派。現在出現了不同的哲學學派，它們當然是在馬克思主義哲學框架內，是對同一個問題的不同理解。有一批大學生和研究生成為他們思想的追隨者，他們舉辦討論會，學術會議。筆者就在這些學生之列，當時我還是哲學系即將畢業的大學生。

伊利因科夫在1953年答辯自己的論文後不久，就組織了一個關於這個主題的討論會，筆者也參加了這次討論會。當第一次聽到這些思想時，對我們而言，這是非常不平凡的，甚至引起排斥。我們不能理解，在多大程度上，這些思想是正確的。但是，隨著討論的展開（這些討論持續了整整一年），我們才逐漸理解，這一切都是很有意思的，有深刻的意義。

先是由伊利因科夫，然後是季諾維也夫所表述的思想不僅僅與對馬克思最優秀著作《資本論》研究有關。這些思想也是辯證思維的典範。在這方面出來了一批人，他們是這些思想的追隨者。他們借助于自己的老師對《資本論》的分析首次獲得表述的那些重要思想，嘗試理解一般的科學理論是如何建構的，而且不僅僅是局限於資本主義的理論，比如說，物理學的理論，生物學理論的建立問題。這些科學已經不同於經濟學，而是另外一類學科。原來，這樣做是完全可以的。針對這些另外的學科是如何建立的，自然過程是如何發生的，也可以得出一些很有意思的結論。也是在這個時候，出現一批哲學家，他們研究自然科學中的哲學問題，嘗試把這一系列哲學思想擴展到對自然科學的理解，比如物理學和生物學等，而且獲得了很重要的結果。參與這一系列問題探討的不僅僅是哲學家，還有自然科學的代表，物理學家和生物學家，於是在我們的學術界出現一個著名現象，即哲學家與自然科學界代表之間的聯盟，密切的學術聯繫。另外，邏輯學家與數學家之間也出現了非常密切的聯繫。

我認為，伊利因科夫和季諾維也夫的這兩篇副博士論文標誌著我們哲學在當時發展的新階段的開端。從時間上說，一篇論文是在1953年通過答辯的，另外一篇是在1954年通過答辯的。這就意味著，兩篇論文都是在此之前寫的。那麼具體是什麼時候呢？應該是1951年和1952年。要知道，那個時候斯大林還活著。在這樣的年代裡，對這些思想已經開始討論。當然，這些新思想沒有被廣泛瞭解。因為當時在哲學領域舊的意識形態處境依然存在,所以很難在大範圍內對新思想進行討論。但是,這些思想自身在斯大林去世之前得以孕育。順便指出,伊利因科夫的副博士導師是非常著名的哲學家奧伊澤爾曼(Ойзерман Т.И.,1914年生),現在是俄羅斯科學院的院士,但是在當時他還不是院士。奧伊澤爾曼本人也參與了這些問題的討論和研究。

在我們哲學思想的新高潮裡發揮重要作用的還有凱德羅夫(Кедров Б.М.,1903-1985)。就自己所獲得的教育而言,他起初是個化學家,然後成了哲學家。他非常熟悉化學和物理學,還有化學史。凱德羅夫出版一部重要著作《論化學元素概念的歷史》。他專門研究過俄羅斯最著名的化學家門捷列夫如何發現化學元素週期律的問題。這是一個大部頭的著作,在其中凱德羅夫按天來恢復門捷列夫每天獲得了什麼成果,如何逐漸地走向元素週期律。凱德羅夫是科學史家,也是科學哲學家,當時是自然科學和技術史研究所所長。他在自己的研究所裡集中了一批很有思想的哲學家,他們嘗試在科學史材料基礎上,研究對科學自身的理解問題,如什麼是科學知識,科學知識是如何可能的,科學在自己的發展過程中是如何變化的,等等。

20世紀下半葉，在我國哲學界出現一系列問題，它們與對科學、科學知識的理解，對科學方法的理解有關。這些問題源自於對馬克思《資本論》邏輯結構的分析，後來這些思想又被用於其他學科，不僅僅是社會科學，而且還包括自然科學。在我國不同城市裡舉行大規模的學術會、研討會，主題是邏輯學、哲學和科學方法論的問題。此外，在我們的學術界，這時不僅僅出版了一批學術著作，其中包含重要的思想，而且還有出現新類型的學術合作組織。比如凱德羅夫不僅僅是位作者，而且也是研究所的所長，他在自己的研究所裡集中了一批哲學家和自然科學代表，科學史家，他們相互討論這些問題。

與我國20世紀下半葉的哲學學術生活有密切關係的另外一位著名哲學家是弗洛羅夫（Фролов И.Т.,1929-1999），他在那些年開始研究自然科學中的哲學問題，具體而言是生物學哲學問題，圍繞這個問題寫出了非常重要的著作，如《遺傳學與辯證法》等，在我們的哲學界產生非常重要的影響。弗洛羅夫在1967年成為《哲學問題》主編，在他任主編的時代，這本雜誌在我們國家生活裡發揮了非常重要的作用。《哲學問題》雜誌上發表的不僅僅是我們最著名的哲學家和自然科學家的文章，弗洛羅夫還在《哲學問題》雜誌裡創造一種討論問題的獨特形式和方法，我們至今還在延續，這就是圓桌會議，就一些重要問題展開討論。比如，圓桌會議曾經討論過這樣一個老問題，即基因遺傳與文化，邀請參加討論的不僅僅是哲學家，而且還有最著名的生物學家，包括院士等。他們之間展開討論，不但是哲學家與生物學家們之間進行爭論，而且在生物學家們之間也有爭論。所有的材料都發表在《哲學問題》上。這個情況很重要，因為以前，比如此前十年，很多自然科學家認為，哲學與他們沒有任何關係。他們研究自己的問題，哲學家們研究自己的問題，最好雙方互不影響。現在，很多自然科學家明白了，在自己的科學探索中，他們也涉及到哲學問題，他們需要討論這些哲學問題，而且是與哲學領域的專家、哲學家們一起探討。於是在哲學家與科學家（其他科學的代表）之間的相互作用與合作方面出現一個新階段，非常富有成效的階段。

《哲學問題》雜誌引起了廣泛關注，不但哲學家閱讀這份雜誌，非哲學家也在閱讀，積極訂閱，雜誌的發行量大增。在弗洛羅夫之後，雜誌的主編們都保持了他所奠定的這個圓桌會議的傳統。

那麼，我們的哲學在這個時期都做了哪些工作呢？我們的哲學與當時其他國家的哲學有什麼差別呢？其突出貢獻是什麼？

第一，這些貢獻主要表現在對科學和科學知識的理解方面。對科學和科學知識的研究，不僅僅是在蘇聯馬克思主義哲學框架內進行的，其他哲學方向和流派也曾經研究過這類問題。關於科學的模式，當時一個比較流行的意見認為，科學理論是一種形式結構，其部分之間的關係是純形式的，然後由這些一般的結論裡獲得結果，這些結果與經驗事實進行對比，如果它們符合事實，那麼理論就被接受，否則就被拒絕。

第二，關於科學的模式問題，包括季諾維也夫在內的其他一些哲學家也在研究。他提出另外的觀點，認為理論並不是這樣建立的，不能把理論理解為純形式，科學理論是更為複雜的東西。此外，理論與經驗事實之間的關係也不那麼簡單，經驗知識也與理論有關。關於科學和科學理論的這個觀念的出發點是對經驗主義的批判，這是反經驗論的觀念。經驗主義嘗試把科學理論歸結為經驗事實。

第三，理論具有歷史特徵。科學是變化著的，關於知識，關於解釋，關於描述等觀念都在改變，在不同時代它們完全有可能是不同的。類似的思想在西方哲學裡也出現過，但是比我們晚了大約二、三十年。

20世紀70年代是我們的哲學比較活躍的時期，又出現一些新思想，它們與伊利因科夫有關。這些新思想起初遇到了不友好的態度，甚至是強烈的抵制。

我們知道，有一類關於意識的問題。哲學過去討論過這類問題，現在也在討論。這個討論包括兩個方面。第一，意識是對外部世界的反映。第二，意識與大腦活動有關，即每個人都有自己的意識，它與這個人身體中大腦的活動有關。這是眾所周知的事實，沒有人對此提出異議。但是，伊利因科夫提出這樣一個問題，還有一種叫觀念的現象。觀念的現象不是物質現象，同時，它們也不能歸結為個體的意識。

有一類知識屬我們個人的。比如，我對自己的私人生活的知識，關於自己過去的知識，如果我不去向別人介紹，那麼他們可能永遠也無法瞭解我的生活，我的過去。但我本人對這些是非常清楚的，這些就是我關於自己生活的知識。其實，每個人都有這樣的知識，它們存在於我們自己的大腦裡，存在於我們的意識裡。

現在我們看另外一類知識的典範。牛頓經過長時間思考、研究、做實驗，最後寫了一本書叫《自然哲學之數學原理》。這是一個以文本的形式出現的書，牛頓在其中表述了經典力學的基礎，其中主要是關於世界的知識。那麼，這些知識在哪裡存在呢？在牛頓自己的意識裡嗎？他已經死去了，但是，知識還有，就是在那本書裡表達的知識。每個人都可以拿起這本書閱讀，瞭解牛頓寫的東西。儘管他已經不在了，但他留下了自己的知識，以文本形式表達出來的知識，這個文本不在他的大腦裡存在，而是在大腦之外，以書的頁碼的形式出現，或者是以手稿的形式出現。這是另外一種類型的知識，是與我們私人的那種知識不同的。我個人的知識是我自己的，它們將隨著我的死亡而消失。但是，還有這樣的知識，它們由某個具體的人創造，但似乎又不是他自己的知識，而是表現在文本裡。

牛頓創立了力學知識的基礎，並且表述在書和文本的形式裡。牛頓去世後,又出現了其他科學家,他們補充了這個文本,補充了新知識,也是以文本形式保留下來的知識。所以,這已經是某種集體的知識,它不存在于創立者的大腦裡,而是在他的大腦之外存在。然後,我們可以去讀這些文本,可以理解或不理解其中的內容。有這樣的情況,當我們閱讀一本書時,不一定理解其中的全部內容。因此,有這樣的知識,它的一部分可能成為我的意識的一部分,但不是全部知識都成為我的意識的部分,還有一部分不能容納於我們的意識裡,因為我不理解它們。

除了以書本形式存在的科學知識外,還有一種知識表現形式,比如關於人的知識,關於自然界的知識,藝術家可以把自己的這類知識表現在繪畫裡,這也是他自己對世界的知識和理解。當藝術家死後,這個知識也會以他所創造的繪畫的形式留下來。

所以,有這樣一個類型的知識,它以特殊物體的形式存在,就是由人所創造的物體,比如著作的文本、繪畫,也許是雕塑,借助於雕塑也可以表達對世界的某種理解,這也是在藝術家大腦之外的東西。藝術家不存在了,但是雕塑還存在,而且可以代代相傳。這樣,後來的人可以閱讀這些文本,他們可以理解或不理解文本。甚至可能會有更複雜的情況，作者創造了文本，在其中有這樣的內容，作者自己甚至也沒有徹底弄明白，後來的人反倒能讀懂，能理解。哲學史的情況就是如此，某個哲學家寫了著作的文本，比如康德，或黑格爾，馬克思等等，以後另外一位哲學家閱讀他們的作品，他可能在康德的文本裡讀出這樣的思想，甚至康德自己在活著的時候都沒有想到。這已經是後來人的發現了。

因此，存在一個特殊的生活領域，可以稱之為觀念，它不能歸結為意識。意識是我個人的東西。個人的和主觀的意識與觀念客體的世界是不同的，觀念可以表達在文本、雕塑、繪畫裡，人正是通過它們來表達自己對世界的理解和知識。伊利因科夫寫了一系列文章，討論觀念的東西，發展一個思想，它也是從馬克思出發的，部分地源自於黑格爾，因為他們之間在某些問題上是很接近的。這個思想與一個問題有關，觀念的東西來自哪裡？有我自己的意識，這是私人的，純粹主觀的東西，還有觀念的東西。顯然，觀念的東西不能完全容納於私人意識裡。對伊利因科夫而言，理解觀念的世界產生的關鍵是分析人的集體活動，觀念的世界是人的集體活動的結果。

人為了做點事情，不能僅僅有大腦，以及大腦中的思想，即意識。人至少要有手，才能夠寫東西，包括記錄一些思想或者數學公式等等。比如，我們都有這樣的經驗，在思考問題時，光有大腦是不夠的，有時候需要動手，把公式記錄下來，比如寫在黑板上，寫在紙上。如果不寫出來，有些思考過程就無法繼續下去。就是說，我得先動手（做事情），然後才能思考。

伊利因科夫寫了一篇長文章，《論觀念》，發表在《哲學百科全書》第二卷上。這套共五卷的百科全書就在這個時候陸續出版，這是我們國家哲學發展史上的一個事件。在這套百科全書裡，有非常值得注意的文章，有時候文章涉及到此前在我們那裡根本沒有人觸及過的題目。觀念就是這樣的題目。這篇關於觀念的文章立刻引起很大反響，因為人們對其中的很多思想非常不習慣。人們習慣的是些簡單的思想，比如，人有意識，有大腦，意識是大腦的活動，等等。但是，作者在這篇文章裡分析了活動的概念，提出觀念的知識還可以表達在外在形式裡，表達在外部客體裡，比如文本，或者雕塑、藝術作品等等。於是，這些思想在當時引起了批判，被指責為是偏離馬克思主義，儘管伊利因科夫正是在分析馬克思著作的基礎上提出自己的這些思想的。

比如，有人向伊利因科夫提出這樣的問題：我所擁有的意識，主觀的意識，是與我的大腦活動不可分割的，那麼，我的意識與你所描繪的觀念的東西之間是什麼關係呢？他回答說：如果你想理解什麼是意識，你應該明白，不能借助於對意識，個人意識的分析來理解觀念的世界，相反，只有借助於觀念世界的概念才能理解什麼是意識。你的意識是什麼意思呢？你意識到自己，你擁有關於自己的記憶，可以想起自己生活中的一些事件，這是以前的事件，或者，你也可以想到以後的事件。你把自己與其他人區別開，因為你有關於自己的形象，你知道，自己是什麼樣的人，在哪裡出生，在哪裡生活，有什麼特點，需要什麼，不需要什麼，什麼東西對你是重要的是，什麼東西是不重要的，什麼東西是你接受的，什麼東西是你不接受的，等等，這一切你都是理解的。我們稱之為個性，這就是我們自己的意識，包括我們的一些經驗和體驗。這都是眾所周知的，是已經被記錄下來的事實。那麼，這一切是如何可能的？為此，就需要一個出發點，即觀念的東西。如果沒有觀念的東西，那麼上述一切都不會有的，它們不是你大腦活動的結果，而是你與觀念世界相互作用的結果，這是文化客體的世界，是觀念客體的世界，這個世界是由人類創造的，而且代代相傳。

在伊利因科夫的回答裡，包含這樣一個邏輯。當你回憶自己一生中的事件時，總是把某些事件歸入到一定的時期裡。你會說，這大概是在什麼時候，這是早些時候發生的事，那是晚些時候發生的。就是說，你把自己的所有經歷都歸入到時間刻度上，歸入到對時間的理解上，比如早或晚等觀念。你可能會發生錯誤，但無論如何你總是把自己對過去的回憶歸入到某個時間段。那麼，你關於時間的這個觀念來自哪裡呢？當然是在你掌握了語言之後，因為在語言裡就有這樣的區分，即過去的，更早些時候過去的，現在的，未來的。

動物就沒有這樣的記憶。在它們的大腦裡可能也會閃現一些形象，但是牠們不會把這些形象歸入到過去的時間上去，而是只能停留在現在。當你回到家裡，小狗狗迎接你，比如牠會亂叫，你就說，牠認出我來了。但是，牠認出你，並不意味著牠回憶起以前看見過你，像人那樣，在自己的大腦裡形成了一個關於你的形象,當你出現的時候,這個形象閃現出來。因為狗沒有時間的觀念。人卻生活在時間裡,有時間的觀念(範疇)。時間的範疇來自哪裡?來自于語言、文化。動物沒有對時間的主觀體驗。牠們也生活在時間裡,但對時間沒有主觀感受,不清楚什麼是早,什麼是晚。

所以,關於時間的範疇,人是從觀念世界裡獲得的,語言就在這個觀念世界裡。你嘗試對自己的感受進行思考,這需要在語言形式裡進行,似乎是自己在和自己說話。沒有語言,這種思考是不可能的。關於什麼是好,什麼是壞的觀念,什麼事情可以做,什麼事情不可以做,這都是些價值規範。但是,這些價值規範也不是我們自己發明的,而是從觀念的世界裡拿來的。這個觀念的世界在我們之外,在我們之前就存在了。作為個性的人的個體生活,他對自己的主觀意識,即自己與他人不同,都要求他參與到觀念的世界中來,這是集體創造的文化形式。沒有文化,人就不能生活。文化就以觀念的形式出現。這就是伊利因科夫的思想。

當伊利因科夫發表一系列關於觀念的東西的文章時,引起了批判,因為有人不同意他的思想,指責他完全偏離了唯物主義，因為觀念的世界似乎是在人之外。儘管根據伊利因科夫的觀點，觀念的世界不在人之外，不在人的活動之外，因為人不僅僅有大腦和意識，人還有手，做事情，製造客體，還有集體活動，這種活動也是人的活動。在這個集體活動裡，人創造了文化世界，就是我們生活於其中的那個文化世界，它對人發生作用，對個體的人發生作用，塑造我們所謂的個性，所謂的個體意識的世界。然而，對伊利因科夫的批判始終沒有中斷過，相關的爭論也是很激烈的。應該說，即使在我們的國家裡，也不是所有人都能理解伊利因科夫的思想，至今還有人對他的思想進行批判。當然，他也有自己的追隨者。

前面提到著名心理學家維果茨基，他對人的心理以及主觀的東西產生的理解非常接近於後來伊利因科夫提出的思想。維果茨基認為，小孩的心理形成和他與成人之間的相互聯繫有關，成年人借助於語言和交往手段，吸引小孩玩一些人所造的東西，在這個過程中，向小孩傳遞文化意義，就是給定社會裡存在的那些文化意義。所以，我們的很多心理學家，作為維果茨基這些思想的支持者，非常願意接受伊利因科夫的那些思想，並且共同研究它們。

今天，意識問題，什麼是意識，等等，是整個哲學研究的主要問題之一，也成了認知科學研究的主要問題之一。認知科學是一場規模很大的運動，包括不同的各門學科，有心理學，語言學，神經學，人工智能領域的研究，等等。認知科學的代表們嘗試在西方世界研究這些問題，即什麼是意識，什麼是知識。現在，他們又開始返回到這些問題，重新討論它們。所以，這些問題以前曾經存在過，大約在30年前有人就這些問題曾經提出過一些想法。這些問題現在又成為爭論的對象，圍繞它們所形成的立場或者接近於伊利因科夫，或者接近於維果茨基。

前面提出到，在西方心理學界以及教育科學領域出現一個運動，即維果茨基的研究高潮。他的思想在世界上目前非常流行。大概在20年前，成立一個國際研究學會。在這個學會裡有來自世界各國的學者，他們研究心理學、教育學和哲學。大部分人都同意維果茨基的思想。這個學會每隔三年在不同國家舉辦國際學術會議。每一次會議都有大約一千五百人參加。我參加了很多次這樣的會議，在15年的時間裡擔任該學術委員會執行委員會的成員。我自己在這些會議上作報告，也聽了別人的報告。據我的觀察，每兩個報告人中就有一個要引用維果茨基的思想，每三個報告人中就有一個人引用伊利因科夫的思想。可以說，他們的這些思想還在繼續獲得討論，而不是說它們在某個時候提出來，現在人們對其不感興趣了。換言之，這些問題同時也還是現代的問題，而不是已經成為遙遠過去的問題。

在20世紀下半葉，在我國哲學界還有一系列思想，它們與對活動的理解有關。這個問題源自於馬克思對實踐、活動的理解，其實質在於，人是實踐的存在物，它不僅僅是消極地接受外部世界的作用，而且還在改變這個世界。因此，對實踐以及其他活動形式的研究，比如生產活動等，使得我們可以理解，什麼是認識，什麼是意識，什麼是人。

伊利因科夫把觀念的東西理解為人的集體活動的成果，他把觀念的東西與活動聯繫起來。我們的其他哲學家也嘗試分析活動，提出自己對活動的理解。當我們的哲學家們開始研究辯證思維的結構時，他們首先關注是《資本論》的邏輯結構。在研究活動和實踐時，他們開始詳細地研究馬克思的早期哲學著作，19世紀40年代的著作。馬克思在這個時候寫了很多東西，特別是關於實踐和活動，而且都是在廣泛意義上理解的。

對馬克思而言,實踐活動是所謂的具體化(опредмечивание, 對象化)和非具體化(распредмечивание),這是非常複雜的術語。巴季謝夫(БатищевГ.С.,1932-1990)關於活動問題寫了很多東西,他也在討論與人的創造特徵有關的活動。他認為,人是創造者。活動可能有很多類型,可能是再現已有的東西,重複過去的東西。但活動也可能是創造以前沒有的東西。就是說,有兩種類型的活動,一個是創造性的,一個是再現的,即重複過去的東西。這兩種類型的活動不是一碼事,儘管它們之間是相互聯繫的。活動要求創造某個客體,在人自身之外,這就是外化(овнешнение),把自己外化,創造外部客體,或者說是對象化、具體化(опредмечивание)。非具體化(非對象化)是與具體化(對象化)完全相反的過程。

但是,在馬克思那裡還有一個觀念,就是異化。人不僅僅創造外部客體,或者說外化自己的活動。他所創造的客體擁有獨立的生命,有自己的邏輯,並且讓人服從自己的邏輯,這裡指的是創造它的那個人。於是,這個被造的客體使人發生異化,成為與人異己的東西，成為一種人無法控制的外部力量。對馬克思而言，這個問題很重要。因為馬克思認為，在資本主義裡恰好有異化，即人創造了一些機制，它們按照自己的方式運行，並迫使人們服從自己的邏輯。因此，這些機制就成為一種經濟力量，人成為這些機制的玩物。對馬克思而言，主要任務就是消除異化。

因此，一方面是具體化，另一方面是異化，這是完全不同的東西，按照馬克思的說法，人是對象化的存在物，他總是在創造文化世界，文化世界總是外部的東西，在人之外存在的東西。在這個文化世界裡，人有時候可以感覺到自己是創造者。但是，也可能相反，人可以創造出這樣的東西，它們征服人，強迫人服從它們，而人自己不能按照人自己的意願行動。這時，人就變成了非人。這是馬克思哲學的一個重要問題。關於這個問題，在我們那裡，在上世紀60-70年代也有很多討論，寫了很多東西，比如巴季謝夫等人。伊利因科夫也寫過類似的東西，但巴季謝夫寫的尤其多。他們討論異化的辯證法，具體化等問題，當然是在與活動關聯的基礎上討論的。

活動問題對我們的心理學家而言，也是很重要的問題。他們與當時的哲學家之間有很密切的聯繫。前面提到，在我們蘇聯的心理學界，圍繞如何理解活動，心理的產生與活動的關係等問題，有兩個學派。著名心理學家列昂季耶夫教授創立了自己的活動心理學理論。另外一個心理學家魯賓施坦，也是位哲學家。他起初是哲學家，後來成了心理學家，但從來沒有喪失對哲學的興趣，直到生命的最後還在寫哲學著作，最後一本書《人與世界》就是在去世前不久寫出來的，在死後出版。對活動的概念，魯賓施坦有自己的理解。這個理解有別于列昂季耶夫。

在對活動問題進行過嚴肅的研究的人中間，值得一提的還有謝德羅維茨基（Щедровицкий Г.П.,1929-1994）。他也曾經研究過哲學問題，後來擴展了自己的研究興趣，與心理學家和其他領域專家建立聯繫，他創立了自己的一般活動理論。他組織一個強大的學派、運動，有很多支持者。他們不但研究一般的活動理論，而且還嘗試進行更為具體的研究，與心理學相關的，與教育學相關的，以及與組織理論（設計論）相關的研究。

針對我國20世紀下半葉哲學的一般情況，可以說，整個蘇聯哲學都是在馬克思和馬克思主義的觀念框架下發展的。但是，在這個哲學內部，出現了不同的學派，這在以前是沒有的。有這樣一些人，他們保衛自己針對某些問題的理解，保衛自己的活動綱領。他們有自己的支持者，經常聚會，討論自己的思想，發表自己的作品，形成自己的學派，並與其他學派進行爭論。

伊利因科夫有自己的學派，季諾維也夫有自己的學派，謝德羅維茨基有自己的學派，巴季謝夫也有自己的學派。伊利因科夫去世比較早（1979年），30多年過去了，但是他的學派至今依然存在。他有很多支持者，不僅僅是在俄羅斯，而且還有前蘇聯其他加盟共和國，比如哈薩克斯坦、烏克蘭等。他們每年在伊利因科夫生日那天聚會，組織兩三天的學術研討會，討論一些現代問題。參加會議的人很多，我有時候也參加這些討論。

謝德羅維茨基於1994年去世。他的學派的追隨者也是每年聚會，會議總名稱是"謝德羅維茨基報告會"，我本人曾經參加過兩三次，每次會議大約有上千人，而且不僅僅來自於俄羅斯，還有來自於白俄羅斯和烏克蘭等地方的學者。在這些聚會上，他的思想是討論的核心內容。這個學派現在依然非常活躍。謝德羅維茨基不僅僅創立了一般的活動理論，他嘗試把自己的思想用於分析某些組織機構和管理問題，就是活動的管理問題。所以，他以某些一般哲學觀念為基礎的研究成果後來找到了應用，可以用於分析具體的實際情況。比如說我們今天的某些部長或領導人都有自己的諮詢顧問和助手，其中有很多都是謝德羅維茨基的學生。他的學生們目前繼續整理出版他的著作，儘管在活著的時候，他也出版過自己的著作，但還有很多東西沒有出版。謝德羅維茨基是個偉大的組織者，喜歡組織研討會，研究過一些具體問題，還講過一些課程，這些內容都被錄音了，儘管在他生前沒有發表，但是現在這些東西大部分都發表了。他的著作仍在繼續出版，在學術界引起討論、解釋。要知道，這些都是在30年前出現的東西，現在沒有消失，而且是繼續獲得討論。

在20世紀50-60年代，在我們的哲學裡邁出的第一步，或者說是第一個具有獨創性的研究與這樣一些問題有關：對認識、思維、科學、科學知識的分析，其次是科學史問題，然後是活動理論，觀念的東西，等等。那麼，在70-80年代，我們的很多哲學家開始專門研究人的問題，人的哲學，文化哲學。針對這方面的問題，以前從來沒有如此嚴肅地研究。

魯賓施坦是非常出色的哲學家和心理學家，他在十月革命前就開始研究哲學，曾經在德國學習過。十月革命後，在20年代，他寫了幾部哲學著作，然後他開始研究心理學，成為蘇聯心理學的帶頭人之一。魯賓施坦在1935年發表的一篇文章《馬克思著作裡意識與活動的統一問題》對我國心理學的發展產生巨大影響。這是一篇很重要的文章。魯賓施坦一生對哲學感興趣，寫過哲學著作，在生命最後的幾年，他撰寫一個大部頭純哲學的著作《人與世界》，在死後才出版。這是很有趣的一部著作，其中嘗試按照新的方式理解哲學的基本範疇：存在、世界、現實、客觀等。一般情況下都認為，它們是一樣的。但是，他認為不是的，它們之間有細微的差別。魯賓施坦的一個主要思想是，人不是面對世界，外在於世界。他認為，人包含在世界裡，人進入存在之中。當人出現的時候，世界和存在的結構發生了變化。人不是世界上偶然的存在物，而是世界對自己進行意識的一種方法。這本書引起廣泛討論，這時他已經不在了。他在書中提出了很多問題，在此之前都沒有獲得很好的研究。比如，在這裡，他非常嚴肅地研究了我與另外一個人（他者）的相互關係問題。眾所周知，每個人都認為自己與其他人不同，我是我，他人是他人。他們在我之外存在。桌子椅子和樹木也在我之外存在。但與此同時，人與桌子和樹木的關係，人與其他人的關係，這是不同類型的關係。他提出這樣一個重要思想，後來在我們那裡獲得了非常廣泛的討論。人認為自己與其他人不同，是個自由的存在物，在自己的行為裡是獨立的，可以做出某些行為，並為此負責，因為我們是自由的存在物。但是，與此同時，人能夠意識到自己是這樣的存在物，是因為他針對其他人。在他與他人的關係之外，就沒有人自身。因此，他者是我的一部分。

顯而易見，魯賓施坦在上世紀70年代初發表的這些思想與我們的另外一個哲學家的思想有呼應，即巴赫金。在最近幾年裡，巴赫金很受歡迎，儘管他的一些著作以前也發表過，但它們被遺忘了，後來突然又被想起來，當時他還活著，繼續在工作。我與他者的關係問題也是巴赫金的核心問題之一（關於巴赫金，下面再談）。

學術界對關於人的問題的興趣是很大的，在我們那裡，這個領域叫哲學人學。弗洛羅夫也是在這個時候（70年代）開始研究所謂的哲學人學或人的哲學。他研究這個問題不是偶然的。這個研究產生於他的全部哲學發展。弗洛羅夫是生物學哲學專家，很熟悉生物學，與這個領域裡工作的著名學者有聯繫。在這個時候，生物學家開始討論這樣一些問題，在今天，生物學家和非生物學家都在廣泛討論它們。但是，在當時，對這些問題的討論只是剛剛開始嘗試。第一個問題與對人的完善有關，這是對人的基因系統的影響問題，即所謂的基因工程，第二個問題是人的生命延長問題，人的生命到底能延長多少？人能活多久？

這些具體的科學探索當然有哲學意義。它們產生於生物學界，是生物學家們開始討論的，但是後來，弗洛羅夫從哲學立場對它們進行探討。他熟悉現代生物學材料，同時作為哲學家來對這些材料進行研究。就是說，這已經不僅僅是科學的邏輯問題，科學的方法論問題，或者是科學理論的結構問題，而是道德問題，人生的意義問題。他寫了幾篇非常有影響的文章，後來出版了專著。這裡研究的問題包括人的生和死的意義，可否克服死亡，人能不能無限地生活下去，等等。弗洛羅夫從哲學的角度對這些問題進行考察。

弗洛羅夫在20年前表述了一個非常重要的思想。當時，也許還不是很清楚，這個思想在多大程度上符合現實。20年過去了，我們發現，它恰好非常符合整個科學知識發展的現代處境。它的主要內容可以簡單表述如下。以前人們認為有不同類型的科學，關於自然界的科學，研究自然界的過程，叫自然科學，還有關於人的科學，人文科學和社會科學。這是兩類不同性質的科學。弗洛羅夫認為，這些科學在接近，越來越密切地相互作用。最後，對所有的科學而言，核心問題就是人的問題，甚至對自然科學而言也是如此。所以，弗洛羅夫提出這樣一個想法，在蘇聯科學院下面應該成立一個研究所專門研究人。這樣的研究所的確成立了，即蘇聯科學院人研究所，他是第一任所長。這個研究所聯合了各方面的學者，有研究自然界過程的，有研究人的，還有研究心理學的，有研究人文科學的。人研究所嘗試在這些學科之間建立聯繫。

總之，人的問題成為文化的核心問題，在上世紀70-80年代，我國哲學界已經開始廣泛討論。正是在這個時候，我們那裡重新發表巴赫金的舊著，也發表他的新作品。70年代初,他還在世,並搬到莫斯科居住。目前,對巴赫金的興趣依然很大。他對人的理解,他對文化的理解,在學術界現再次引起廣泛關注,這些問題重新又活躍起來。

巴赫金在上世紀20年代就寫出了自己最初的作品。開始的時候他住在列寧格勒,在莫斯科也住過,後來在另外一個城市薩蘭斯克(Саранск)住了30多年,那是莫斯科以南的一個小城市。很多人把他給忘了,甚至不知道他是否還活著。大約在60年代初,有個我認識的人,他讀到了巴赫金的早期著作,非常驚訝,因為那裡表述的思想非常深刻而重要,於是他就想知道,巴赫金是否還活著。有人告訴他,說巴赫金還活著,住在薩蘭斯克。他就去薩蘭斯克,找到了巴赫金。他建議巴赫金重新再版自己20年代的著作。巴赫金說,為什麼出版舊書,我現在可以把它們現代化,寫出新的作品。這裡說的是他那部關於陀思妥耶夫斯基的著作。於是,巴赫金提供了新的方案,在莫斯科出版。人們開始閱讀這部著作,讚歎它。這本書立即在國外被翻譯成幾種語言出版。全世界都在談巴赫金,於是他來到了莫斯科,在那裡又住了幾年,寫了新著作。

巴赫金的書首先在西方的一些國家出版。在世界上出現了對他的強烈興趣。在英國的曼切斯特有個專門研究巴赫金的國際中心，來自不同國家的學者在那裡工作。巴赫金關注的是對人、文化的理解，提出一個重要思想，即人是對話的存在物。人針對（面對）其他人，借助於對話，他和其他人交談，交流思想、意見。這是一組非常複雜的思想。我在這裡只能稍微涉及其中的幾個。一個思想是，當一個人自己獨自沉思的時候，他依然與他人有關係，沒有與他者的這個關係，他就不能存在。我們的每個問題，我們做的每件事，總是要求有這樣一種可能，即回應另外一個人，也許我們自己對此沒有明確意識。

在西方哲學史上有一位非常著名的哲學家，叫笛卡爾，他說，我思故我在。在他看來，我之所以認為我是存在的，因為我意識到思考和意識到自己。這是他對人的界定。對同樣的事實，巴赫金則認為，我存在是因為我能夠回應另外一個人。沒有他者，我就不能存在。巴赫金的這個對話思想也被用於理解人的意識，理解人的心理，理解一般的文化。巴赫金認為，整個文化就是一堆問題與回答。在這個時候，對話的思想，交往的思想，或者是幾個對話者一起參加交往，就是我們所謂的多聲部、複調，這些思想開始在我們的哲學裡獲得發展、研究、討論，其規模是非常廣泛的。

在20世紀下半葉俄羅斯哲學界，與巴赫金思想相呼應的另外一個哲學家是比比列爾（Библер B.C.,1918-2000），他從巴赫金的思想出發，但提出自己對對話的理解。對話問題，人的理解問題，我與他者關係的問題，當然是整個現代哲學裡最尖銳的問題之一。所以，在那些年裡，我們哲學界所討論的問題也是非常現代的問題。因此並不像有些人以為的那樣，這是一些祇在當時討論，現在可以忘記的問題，似乎它們根本就未曾存在過。

綜上所述，20世紀下半葉，在我們的哲學裡所探討的問題不是遙遠過去的問題，而是些非常現代的問題，今天也在討論的問題。這不意味著，當時這些問題都獲得了解決，或者說那些哲學家已經替我們完成了這項工作。當我們今天重新探討這些問題的時候，已經有了很多材料。因此，在我們重新探討它們的時候，不能不關注前人已經做的事情。當我們閱讀以前作者的作品時(其中的一些作者我上邊提到了)，可以發現，其中有很多非常重要的思想，可以說，完全是現代的思想，有現代意義的思想。因此，我們不能把這些思想及其表述者們遺忘了。這也是不久前我們出版的那套叢書的動機。"20世紀下半葉的俄羅斯哲學"這套叢書的意義當然就是我們不能忘記自己不久前的過去。因為在文化的歷史上，不應該有斷裂，不應該有中斷。文化發展的每一個階段自身都包含意義。試想一下，如果我們突然忘記了此前在自己身上發生的一切，那麼，我們就不能作為正常人來生活。有這樣的情況，人可以喪失自己的記憶，即所謂的失憶，這是一種病。如果人得了這種失憶症，那麼他就不能過正常人的生活。

我們應該記住過去的事情，要根據今天的情況對其進行反思。所以，有些人認為，在蘇聯時期的哲學裡，什麼都沒有，沒有任何哲學。這個說法是非常荒謬的、愚蠢的。應該對過去的東西進行反思。當思考過去的東西時，我們開始明白，當時所做的很多事情都是很重要的，當時討論的那些問題沒有成為過去，相反，其中的一些問題現在變得更加尖銳了。上邊我提到了幾個問題，比如伊利因科夫和弗洛羅夫所討論的那些問題，我們今天的哲學界依然在非常激烈地討論它們，它們根本沒有消失。當我們研究二三十年前的哲學家們所寫的東西時，發現其中有很多重要的思想，在今天的現實裡，完全可以利用它們。所以，我們這套由21卷組成的大型叢書不僅僅是講述過去的東西，而且還是一種嘗試，即利用過去所表述的思想來理解現代哲學問題。因此，這不僅僅是描述過去的歷史，而且還是在過去經驗背景下理解現代問題。我們今天的哲學發展完全可以從這個基礎出發。

研究現代西方哲學也是非常重要的，我們的哲學界現在也展開了對西方哲學的廣泛研究，出版了很多著作。我們與現代西方哲學家之間的關係非常密切，他們到我們這裡來，在我們這裡作報告。我們的大學生也到西方大學裡去學習。可以說，我們對西方哲學也比較瞭解。此外，非常重要的是出版和研究十月革命前俄羅斯哲學家，特別是宗教哲學家的著作。在這個領域出版了很多書，出現很多專家，定期舉辦各種學術研討會。

最後，我們簡單考察一下列寧哲學思想在20世紀下半葉我國哲學界的命運。對待列寧，不同的人，態度是不同的。有一段時間，在蘇聯時期，1956年之後，展開了對斯大林的批判，批判作為哲學家和政治家的斯大林。這場批判運動的開端是赫魯曉夫在黨的

20大上作的那個報告。當時就有很多人把斯大林與列寧對立，認為斯大林歪曲了列寧的思想。作為政治家和哲學家，列寧的道路是正確的，是個出色的人。這是蘇聯時期，直到後來的戈爾巴喬夫改革時期，一直是這樣，在斯大林和列寧之間作出嚴格區分。然而，後來情況發生變化。

1991年蘇聯解體後，馬克思主義哲學不再是官方哲學，出現了批判列寧的文章。其中有些作者嘗試斷定，在作為政治家的列寧和作為政治家的斯大林之間，沒有原則差別，斯大林只是延續了列寧的事業。在斯大林所搞的鎮壓時期，很多人被關進監獄和集中營。如果列寧再多活一段時間，他也會這樣做。後來又出現文章批判作為哲學家的列寧。在《唯物主義和經驗批判主義》裡，列寧批判了哲學家博格丹諾夫。有的作者認為，相比而言，作為哲學家的博格丹諾夫更正確些，列寧在這方面犯了錯誤。這類批判列寧的文章在1990年初發表最多，尤其是1993-1995年之間。後來情況有所變化，就這個問題，人們不再寫東西了。

現在，比如兩年前，我們那裡舉行紀念列寧的《唯物主義和經驗批判主義》出版一百周年活動。有些作者發表文章認為，列寧不是那麼愚蠢的人，曾經寫過一些正確的東西。總之，對列寧的這部著作的評價是肯定的。

下面談談我自己對作為政治家和作為哲學家的列寧的看法。我重複一遍，在我們那裡，不同的人對待列寧有不同的意見。我認為，列寧當然是20世紀最偉大政治家之一。如果沒有列寧和他所領導的党，以及所實現的革命，那麼作為一個獨立國家的俄羅斯將如何存在，這是不清楚的。正是在列寧領導下的共產黨得以保衛國家，開始現代化過程，把俄羅斯從落後國家變成現代強國。我不認為，斯大林簡單地延續了列寧的政策。在某些方面，他延續了，在另外一些方面，他拒絕了列寧的政策。我認為，列寧開始實施的新經濟政策，我們那裡稱之為耐普（НЭП），是很有前景的和富有成效的。所以，我對作為政治家，作為我們現代國家奠基人的列寧評價很高。

列寧有兩部主要哲學著作，一部是《唯物主義與經驗批判主義》，另外一部叫《哲學筆記》。前一部著作有個副標題是"一個普通馬克思主義者的哲學箚記"。列寧沒有認為自己是偉大的哲學家，他認為自己是馬克思和恩格斯的學生，延續他們的思想。列寧是個謙虛的人。在活著的時候，他不允許人們說他是偉大的哲學家，更不用說是最偉大的哲學家了。

所以，我認為，馬克思主義哲學表達在馬克思自己的著作裡。恩格斯是馬克思的學生，他自己強調過這一點。在馬克思主義哲學裡，馬克思發揮了首要作用。恩格斯也表述了這樣一些思想，它們在馬克思那裡是沒有的，所以，恩格斯沒有僅僅重複馬克思。他做了這樣一些工作，由於某種原因，馬克思自己沒有能夠做。比如說，自然界裡的辯證法的觀念是恩格斯發展的，馬克思就這個問題從來沒有寫過什麼東西。我認為，這個觀念是很合理的，很現代的，沒有過時。

列寧在新的條件下發展了馬克思和恩格斯的思想，這時馬克思和恩格斯已經去世了。關於列寧的《唯物主義和經驗批判主義》，我想指出下面三點。

第一，列寧與博格丹諾夫的關係。前面我提到過，博格丹諾夫在20年代時建立了一個理論，他稱之為一般的組織科學，簡單說就是組織學（тектология）。在自己的著作裡，他表達了一些思想，在今天看來，也是現代的。但是，在1910年代，當列寧批判他的時候，他的哲學思想是主觀主義的。博格丹諾夫與列寧的爭論中，我認為，正確的是列寧，而不是博格丹諾夫。

第二，在這部著作裡，列寧表達了這樣一些思想，生活表明，它們不但沒有過時，相反，在今天它們是更加重要的。比如，在現代邏輯學和科學哲學文獻裡，有多少文章和著作是關於真理問題的呢？這樣的文章非常多，這是龐大的文獻，其中有很多觀念，作者們在這個問題上已經陷入混亂。事實上，這確實是個複雜的問題。哲學始終在探討真理問題。我也瞭解現代西方的一些哲學家們關於這個問題的著作。因此，我可以根據就此問題所寫出來的著作，評價列寧在《唯物主義和經驗批判主義》裡所提出的思想。我的結論是，列寧關於相對真理和絕對真理，客觀真理之間關係的思想是非常現代的，甚至比許多現代觀念更加現代。

卡爾‧波普爾之所以著名，是因為他研究科學哲學，也因為批判馬克思主義。他至少寫了兩部著作批判馬克思的學說，一個是《開放的社會》，另外一個是《歷史主義的貧困》。如果我們看看波普爾晚年關於真理所寫的東西，他有自己專門的真理觀念，如果把他的這個觀念放在更廣闊的視域裡看，那麼，這個觀念與列寧關於客觀真理、絕對真理與相對真理之間關係的觀念非常接近。在波普爾那裡，有另外的類比邏輯，利用形式概念，但是，在內容上，他的觀念與列寧的觀念很接近。我非常驚訝的是，不久前我們才瞭解到，波普爾是後來才成為著名的反共產主義者，共產主義的批評家，但是，在年輕時期，在1918年，當時他還在奧地利，有一年的時間，他曾是馬克思主義的共產黨黨員，後來退出了。但是，當他是馬克思主義共產黨的成員時，曾經嘗試把列寧的《唯物主義和經驗批判主義》翻譯成德語。

第三，關於意識問題。列寧在這本書裡提出的意識問題，直到現在我們才開始理解其意義。我說過，在現代科學裡，在整體上，意識問題成了今天討論最多的問題之一。在西方文獻裡，研究意識問題的有哲學家、心理學家、生理學家，以及其他各門科學領域的專家。他們嘗試理解，意識從哪裡來？如果僅僅分析發生在人的大腦裡的過程，能否理解意識是如何產生的？有些人就做出結論說，為了理解意識從哪裡來，需要假定，有一種類似意識的東西先在於意識，不僅僅存在於人的身上，而且也可能存在於世界裡。這個思想現在很流行，很多人就此寫了大量的東西。我提醒一下，列寧在《唯物主義和經驗批判主義》裡說，應該假定，在物質的基礎裡，有一種能力，類似於感覺。這是列寧當時表述的一個思想，它與現代關於意識的討論有很多相呼應之處。

總之，《唯物主義和經驗批判主義》是一部很有意思的著作，其中包含了一系列深刻的、現代的思想。我不認為，可以把作為哲學家的列寧與馬克思並列。但是，列寧在新形勢下繼續發展了馬克思主義的哲學。他注意到現代科學，研究過物理學的革命，分析過物理學的危機，這方面的思想是很重要的。所以，必須思考關注這部著作。

列寧的第二部重要哲學著作是《哲學筆記》。據我所知，這個名稱不是列寧自己提出來的，而是由第一次出版這部著作的人所加的。在第一次世界大戰期間，列寧住在英國和瑞士，他研究黑格爾，記錄黑格爾著作的摘要，在頁邊上寫下自己的箚記。這些箚記只是為了自己而寫的，他沒有準備一部想要出版的著作。他讀書的時候，記錄了自己的箚記和一些在閱讀過程中產生的思想。當然，其中有很多他自己的重要思想。比如，他認為，人的意識不僅僅反映世界，而且也在創造世界。此外，他認為，應該深化對物質概念的理解，要考察實體等概念。類似的箚記很多，都沒有加工整理成像樣的文本。但是，它們表明了列寧在這個領域裡的一些探索，表明他的確是個非常深刻的思想家。

所以，我認為，列寧是非常深刻的哲學家，是馬克思主義者，但不是馬克思主義哲學發展的頂峰，我不把作為哲學家的列寧置於馬克思之上。列寧是馬克思主義流派的深刻哲學家，他提出了一系列在他之前沒有人提出過的思想。對這些思想應該給予關注，不能隨便忽略掉它們。所以，我不接受那些詆毀列寧的嘗試，無論是針對作為政治家的列寧，還是針對作為哲學家的列寧。

第六章 馬克思主義哲學在當代俄羅斯

本章所要探討的問題是在當代俄羅斯如何對待馬克思主義，如何對待馬克思以及其他馬克思主義者的思想。馬克思主義哲學在當代俄羅斯的命運如何？馬克思主義哲學研究的現狀如何，以及不同派別的哲學家們如何對待這個問題。

1991年12月，蘇聯解體。在我們國家存在的那個社會主義體制瓦解了，這時在我們的報刊雜誌上發表很多文章，批判馬克思和馬克思主義。這些文章的作者斷定，蘇聯的社會經濟體制效率低下，應該被消除。那麼，建立這種體制的那些人所遵循的，維護這個體制的意識形態和觀念體系，即馬克思主義，也應該遭到嚴厲批判。於是就出現了這樣的說法和論斷，作為哲學體系和理論體系，馬克思主義是教條主義體系，在這個體系框架下，不可能創造出任何重要的，理論上富有成效的東西。

有這樣的文章，其中說，由於在蘇聯存在極權的、專制的體制，蘇聯官方意識形態是馬克思主義，蘇聯的哲學是馬克思主義哲學，所以，任何重要的東西都沒有創造出來，甚至這種哲學似乎就沒有存在過。這些人斷定，在1922年，一批著名俄羅斯哲學家，主要是唯心主義哲學家和宗教哲學家，他們乘坐所謂的"哲學船"離開蘇維埃俄羅斯後，在蘇聯就沒有任何哲學了。

蘇聯解體後，的確有很多人批判馬克思本人，批判馬克思主義。我記得有一位經濟學家作了一個聲明，他說馬克思不是哲學家，而是經濟學家，並且是19世紀德國三流的經濟學家。

應該說，最近，我國的情況發生了變化。今天再也沒有人這樣評價馬克思和馬克思主義了。如果以前所有的哲學家（我在這裡首先談哲學）都從馬克思主義的思想出發，那麼今天在我國存在各種哲學流派。我們有分析哲學的追隨者，這個哲學流派認為，可以通過對語言的分析來對哲學問題進行研究和解決。我們還有現象學的追隨者，特別是在年輕人中間。這個哲學流派認為，主要的哲學問題都可以借助於分析意識的結構來解決。還有所謂的後現代主義者，很難用一句話來表達他們立場的實質，但其主要思想是，在現代世界裡，在現實世界裡，在思想世界和文化產品世界裡，一切都陷入到徹底的混亂之中。

所有這些人都不是馬克思主義者。但是，其中任何一個人在今天都不敢在20年前的那個調子上去評斷馬克思和馬克思主義。

今天幾乎所有的人都承認，馬克思是個偉人，偉大的哲學家。即使他們不是馬克思主義者，對馬克思的貢獻也給予了很高評價。他們對待馬克思的態度，如同對待笛卡爾和黑格爾的態度是一樣的。就是說，你可以不是笛卡爾或黑格爾的追隨者，但是你必須承認他們是偉大的思想家。

至於這樣一種意見，即在蘇聯時期，在馬克思主義框架下，沒有獲得太大的成果，直到不久前，這個意見還是比較廣泛地流行的。然而，這是完全錯誤的意見。我擔任《哲學問題》雜誌主編20多年，我們雜誌曾經同這種錯誤的意見進行鬥爭。我們發表一系列文章，嘗試在其中展示，在蘇聯時期，在哲學裡，在與哲學接近的那些學科裡，提出了這樣一些重要思想，它們不但沒有過時，現在甚至比當初第一次被提出來時更現實、更重要了。

1998年，我主編出版了兩卷本很厚的書，叫《哲學沒有結束…》。第一卷是關於1920年代到1950年代的蘇聯哲學的發展，第二卷是關於1960年代到1980年代我國哲學的發展。這裡收集的文章分析了我們的一批思想家和哲學家的思想，其中表明，當時曾經提出過的一些思想，在很多年之後，甚至是幾十年之後才獲得真正評價的。

在上世紀20年代末，蘇聯著名心理學家、哲學家維果茨基就是從馬克思的思想出發的，他自己承認是馬克思主義者和心理學家。在20年代還有一系列其他嘗試，利用馬克思主義思想改造心理學。當然，並非所有這些嘗試都是成功的。但維果茨基的嘗試是最出色的。他堅持認為，如果我們打算從馬克思的思想出發，就不能把這些思想機械地用於心理學材料，而應該制定這樣的心理學理論，它從馬克思的某個原則思想出發，但同時也是獨立的、具有獨創性的哲學觀念。

維果茨基利用馬克思關於實踐和實踐活動的作用的一系列思想，研究和制定了一個觀念，他稱之為"心理發展的文化歷史理論"。在維果茨基思想的基礎上，在蘇聯發展出了具有獨創性的心理學派，至今依然在發展，而且很富有成效地發展著，這個學派就是從馬克思主義思想出發的。

維果茨基主要著作只是在20世紀70年代才被翻譯成英語。當這些書被翻譯後，在世界很多國家出現了維果茨基的大批追隨者。大多數國家的心理學家現在都認為維果茨基是20世紀心理學的經典作家。他的思想現在在世界很多國家裡都在積極的發展。

在上世紀20年代，在我國還有其他有意思的哲學家和思想家，他們也都從馬克思主義的思想出發從事自己的研究。隨後就到了對馬克思主義哲學教條化時期。1938年出版了斯大林的著作《論辯證唯物主義和歷史唯物主義》。在這部著作裡，斯大林表述了馬克思主義辯證法的基本特徵，以及馬克思主義的哲學唯物主義，還有馬克思主義對歷史過程的理解。這是在非常簡單化的、體系化的形式下做出的概括。馬克思和恩格斯對辯證法的理解的一系列重要方面都沒有被納入到斯大林所理解的辯證法。比如，眾所周知，恩格斯曾經寫過，有三個辯證法的規律，量變質變規律，對立統一規律和否定之否定規律。斯大林沒有為第三個規律找到位置，他沒有提及這個規律，似乎不存在這個規律。當時在我們國家工作的所有哲學家們，在寫哲學作品時，都應該從斯大林對辯證法的理解出發，所以，也都不談否定之否定規律。一般而言，當時哲學家的任務就是解釋和宣傳斯大林在哲學領域裡的思想。也出現過一些個別的重要作品，創造性的作品，但這樣的作品不多。要提出某些尖銳的新問題，在那個時候是非常困難的事情。

蘇聯哲學發展的新階段是上世紀50年代末，那個時候開始了非斯大林化的過程。我認為，20世紀下半葉是我們哲學的一個高潮。在這個時期，我們在哲學領域裡做了很多事情，出現一批有影響的人，提出很多重要的思想，產生了哲學學派，儘管都是在馬克思主義哲學框架下產生的，但它們是不同的學派，相互之間有爭論。

最近幾年，我們出版一套大型叢書"20世紀下半葉的俄羅斯哲學"，總共21卷，現在已經出齊了。每一卷都分析某位哲學家的思想，而不僅僅是講述他們在當時是如何生活的。這些思想是那個時期生活在蘇聯的哲學家們自己提出來的。這套大型叢書的出版證明，在蘇聯時期，我們國家不但有哲學，而且這個時期的哲學家們的哲學思想具有非常重要的現實意義。

在20世紀下半葉大約50年的時間裡，在我們的哲學裡到底做了哪些事情？首先應該肯定，當時的哲學是從馬克思主義哲學思想出發的。對當時這場強大的哲學運動的產生發揮重要影響的人，其出發點是這樣一種嘗試，即理解馬克思的主要著作《資本論》的邏輯結構，從邏輯思維角度看《資本論》是如何被創造出來的。換言之，重新理解辯證法，不僅僅把它理解為關於存在、自然界和社會的規律的學說，而且也是關於認識的學說，即應該通過什麼方法進行認識，應該如何辯證地思考。

這個時候出現了兩個重要的工作，這是兩篇副博士論文，作者是我們當時的兩位非常著名的哲學家，季諾維也夫和伊利因科夫。在嘗試理解《資本論》的邏輯結構時，他們當時所提出的那些思想，後來被用於理解其他學科中理論的邏輯結構，不僅僅是社會科學，而且還有自然科學，比如物理學、生物學等等。於是就出現一個強大的運動，是關於邏輯學、哲學和科學方法論的運動，在它的框架內出現了哲學家和各專門科學代表之間強烈的相互作用。這是我想說的第一點，就是出現一場強大的運動，它取得了很大的成績。

這場運動改變了自然科學的代表們對馬克思主

義和馬克思主義哲學的態度，因為以前很多物理學家和生物學家認為，我們所研究的東西與哲學沒有任何關係，與馬克思主義也沒有任何關係。那麼，在這場富有成效的運動之後，在哲學家與非哲學家之間出現這種富有成效的相互作用之後，甚至可以說這是哲學家與專門科學代表們之間的一種聯盟，這時，科學家們也開始討論哲學問題，舉行各種學術會議，圓桌會議。在這方面，《哲學問題》發揮了重要作用。

當時探討的第二類問題也是很富有成效和重要的，這就是與意識有關的問題，如何理解意識的本質，如何理解觀念的東西的本質。在這方面發揮了巨大作用的是我們的哲學家伊利因科夫的一系列文章。他把對觀念的東西的理解與馬克思的一系列原則性的思想聯繫在一起，這就是關於活動在人的生活中，在人的意識生活中的作用的那些思想。他從這些思想出發理解觀念的東西。我們的許多心理學家，特別是那些延續維果茨基思想路線的心理學家，他們非常願意接受伊利因科夫的思想。

我已經說過了，目前有一個研究"活動與文化"的國際學會，定期舉行學術會議，我多次參加他們的會議。因此，我可以見證說，在這些會議上作報告的人經常引用維果茨基，也經常引用伊利因科夫的哲學著作。居住在加拿大的一位哲學家大衛・貝克海爾斯特（Д.Бэкхерст）寫了一本關於伊利因科夫的書，探討他的一個思想，就是關於觀念的東西，這本書是在美國出版的，取得很大成功。

在這個時期探討的第三類問題與對活動的理解有關。在對活動問題的研究中，最主要的東西就是馬克思的思想，即人是實踐的存在物，人對世界的態度不是直觀，不僅僅被動地接受來自外部世界的作用。人在自己的實踐活動過程中也改變世界。此外，人不但改變外部給定的東西，與此同時，他也在改變自己。對我們的哲學和心理學而言，活動的問題都是非常重要的。

在我們的心理學裡，出現兩個心理學派，它們對活動有不同的理解，而且都以馬克思的思想為基礎，但是每個學派都按照自己的方式理解活動。一個學派是由我們著名的哲學家和心理學家魯賓施坦創立的，第二個學派是由心理學家列昂季耶夫創立的。

1935年，魯賓施坦發表了自己的文章，叫《馬克思著作裡關於意識與活動的統一性問題》，對我們的心理學發展有重要意義。因為在這篇文章的基礎上，制定了一個心理學研究規劃，這不僅僅是個理論研究規劃，而且也是個實驗的研究規劃。我們的很多心理學家至今還在這個規劃範圍內工作。另外一個綱領是列昂季耶夫的研究規劃，其出發點是維果茨基的思想。

在這些年，在我們的哲學家與心理學家之間有著非常密切的聯繫，比如在伊利因科夫與列昂季耶夫學派之間。他們之間的聯繫如此密切，伊利因科夫不但參加探討心理學研究的哲學基礎問題，而且還參加一些實踐的心理學研究。因此，伊利因科夫堅信，正是他的思想，他對活動的理解，在馬克思主義的原則基礎上研究出來的這些哲學思想，可以表現出自己的實際意義。

在這裡，我不去詳細分析這些問題，只是想指這樣一個事實。在60-70年代，在莫斯科郊區，在謝爾蓋鎮，成立一個專門的寄宿學校，培養盲聾啞兒童。他們一生下來就是盲人和聾子，他們與世界唯一的接觸手段就是觸覺。在那裡制定一個專門的計劃，把這些似乎喪失了與世界接觸方法的兒童培養成為真正的個性，成為有教養的人，可以去學校學習，上大學。而且，在這裡的確培養出了這樣的人。

這種培養手段需要一些理論前提，其基礎就是對實際活動和語言之間關係的一定理解。在這個過程中，研究了一個專門問題，這個問題源自於馬克思，他曾就此寫過很多東西。在實踐活動中有這樣一些非常重要的組成元素，以及它們之間的相互作用，比如具體化與異化。馬克思在這兩個東西之間做出了原則的區分，認為它們不是一碼事。人類活動的特點是，它可以創造某種具體的東西，在一定意義上，人在創造世界，改變世界，把自己活動的意義加入到所創造的具體對象之中。人生活于其中的文化世界實際上就是他的活動的結果。人可以創造這樣的東西，他在其中生活，並感覺自己很好，感覺自己是個自由的存在物。但是，人也可以創造這樣的東西，它們支配人，命令人，使人異化，把自己變成與人格格不入的東西。馬克思稱之為異化。實踐、活動、具體化、異化，活動中的創造因素和非創造因素，等等，這些問題在我國當時哲學界都獲得了研究和探討，有很多爭論。

此外，還有這樣的嘗試，就是把活動的原則用於理解科學知識，科學理論。比如，我們著名的哲學家斯焦賓院士就寫過這方面的東西。他的最早的一部著作就叫《科學理論的實踐意義》。

蘇聯心理學的發展與當時的哲學有非常密切的聯繫。這個聯繫世界上引起廣泛影響。一年以前（2010年）的9月份，在芬蘭赫爾辛基舉行一次為期三天的國際學術研討會，主題是"20世紀60-80年代蘇聯哲學與心理學中的活動問題"。這是個很有意思的研討會，我參加了，有幾個很好的報告和討論，在此基礎上，現在正準備一本英文書，不久就要在荷蘭出版。

在蘇聯時期，哲學界研究的另外一類問題與對人的理解有關。這個問題至今還在研究。這是活動與交往的關係問題，也是文化理論，文化哲學的問題。最後，這也是人身上自然的東西與社會的東西之間的關係問題。在上世紀60-70年代，這個問題已經非常尖銳地提出來了。因為隨著生物學和遺傳學的發展，就有了這樣的嘗試，即對人的基因系統做些改變，出現了基因工程。這些研究尖銳地提出人的問題，比如關於道德層面的問題。我們的哲學家們與自然科學家們一起來探討這些問題，比如生物學家。圍繞這個問題產生了很大的爭論，因為當時有這樣一些生物學家，他們認為，人身上很多被看做是社會性的特質，可以歸結為生理特質。

在這些年裡，在美國產生了一個流派，認為可以根據動物世界的類比來理解人的社會過程和結構。於是就產生一門學科，叫社會生物學。我們當時的一些生物學家，比如遺傳學領域的生物學家，跟隨美國社會生物學派，甚至聲明說人的某些特有的特質，比如人可以成為利己主義者，或者利他主義者，都是由人的基因系統決定的。於是就有了這樣的想法，借助於基因來改善人的本質，就是在基因層面上對人進行改善。這是一場很大的爭論，我們的哲學家們也參與了。哲學家的出發點是，人當然有生物學的本質，但人的實質是社會的。這就是馬克思的著名論斷，即人是本質是社會關係的總和。與生物學家們爭論的結果是，大部分生物學家接受了哲學家們的觀點。

我在這裡勾勒了蘇聯哲學裡發展的幾個方向，但實際上還有很多。我們那套21卷本的叢書已經表明，在蘇聯時期，我們做了很多有意義的工作，提出很多重要思想、觀念，在我們的哲學裡出現了有趣的學派，它們有不同的立場，這些立場之間發生有趣的爭論，出現了哲學家與非哲學家，與其他科學的代表之間相互作用的新階段。總體上，這是一場很大的運動，它不僅有哲學意義，而且還有一般的文化意義。我嘗試表明，在我們的哲學裡，在這些年裡，從馬克思主義思想出發，從馬克思主義哲學思想出發，在我們的哲學裡所做的事情，以及當時所提出的思想，在今天也具有非常現實和重要的意義。

更為重要的是，堅持這些思想的人繼續在我們的哲學領域工作。也有年輕人參與到分析和研究這種類型的思想。他們發表文章出版著作，繼續發展這些思想。比如每年在伊利因科夫的生日那天舉辦"伊利因科夫報告會"，規模有幾百人。與會者作報告，舉行討論。我還提到弗洛羅夫的名字，他研究人的哲學，其角度是人的生物學方面與社會方面的相互關係。我們每年舉辦"弗洛羅夫報告會"（至今已經有八九次了），參加會議的有哲學家和非哲學家，他們討論當代科學裡非常現實的問題，都與對人的理解有關。比如，前年那次報告會的主題是"生的意義和死的意義問題"。去年報告會的主題是"後人的未來是否可能"。現代生物學家，在遺傳學領域工作的專家，表達過這樣的想法，就是可以這樣對人進行改變和改造。改造的結果是，他將不再是人，而是某種新的存在物，即超人、後人。那麼，對人的這種改造是否可能，是否需要？每一次都討論一個非常現實的尖銳問題，並考慮到馬克思主義哲學的思想，引用我們著名的哲學家弗洛羅夫的研究成果。

現在我想介紹一下最近二十年在我們的哲學裡所發生的事情。我說過，一方面，從1990年代初開始，很多人都在證明，馬克思主義不是哲學，不管怎說，它是教條化的體系，其中無法提出任何新問題。我說過，我們曾經嘗試表明，馬克思主義哲學取得了非常多的成就，這些成就都具有現代意義，對理解今天的現實而言是非常重要的，至少是對今天的哲學而言是如此。而且，有人嘗試繼續發展這些成就。

但是，馬克思主義不僅僅是哲學。眾所周知，它由三個部分組成，列寧就曾經討論過這一點。馬克思主義的三個組成部分是：哲學、政治經濟學、科學社會主義理論。我不是所有這三個領域的專家，對經濟學和科學社會主義領域，我並不熟悉。因此，在這裡我簡單談一談。馬克思主義在後面兩個領域裡的遺產在最近二十年裡也開始獲得討論。出現一批專家、學者，包括哲學家，還有經濟學家、社會學家等等，他們嘗試按照現代方式理解馬克思主義的這部分遺產。這樣的人有幾個小組，幾個立場。我想區分出三個立場。

有這樣的哲學家、經濟學家和社會學家，他們認為，現代社會過程研究者的任務是利用馬克思和列寧的思想理解現代生活。他們出版自己的著作，積極發表文章。在他們看來，為了理解現代過程，比如全球化過程，以及在前蘇聯所出現的那些問題，可以利用馬克思的一些原則性的思想。不久前，我們的著名哲學家謝苗諾夫（Семенов В.С.）就出版了這方面的著作，他增加擔任《哲學問題》主編八年。在這些著作裡，他嘗試從馬克思的原則觀念出發理解現代社會過程。

還有一個小組，他們認為，為了理解現代社會和經濟過程，僅僅利用馬克思、恩格斯和列寧的思想是不夠的，還需要對它們做些改變。在他們看來，生活表明，在19世紀形成的某些觀念在今天並不總是適用的。比如，社會發展是進步，就是不斷地從低向高的上升，這個思想是馬克思、恩格斯和列寧所固有的。對這個思想做出修改是很容易的。他們認為，在生活裡有這樣簡單的社會過程，其中的發展可能是向後的倒退。比如蘇聯的歷史。根據他們的觀點，在蘇聯有社會主義，但這不是發達的社會主義。他們與斯大林的一個論點進行爭論，這個論點就是，在主要方面，蘇聯已經建成社會主義。他們認為，在這裡僅僅是奠定了社會主義的某些基礎，但是，社會主義大廈在蘇聯並沒有獲得徹底的建立。所以他們把斯大林的活動分為兩個方面，一方面是斯大林遵循了馬克思的某些思想，所以為蘇聯經濟發展奠定了一些基礎，比如蘇聯的工業，科學技術的發展。在斯大林時期，在文化發展方面也做了很多工作。比如消除了我國的文盲，大多數人都獲得了良好的教育，培養了很好的專家，科學正是在蘇聯時期獲得了很大的發展，在十月革命前，這是沒有的。但是，另外一方面，他們認為，與此同時，斯大林製造了臃腫的官僚機構，採取政治鎮壓，不存在自由討論和創造，如果有的話也是在很狹窄的領域裡。不過，在他們看來，這畢竟是進步，與此前的資本主義相比，這畢竟是更高的發展階段。社會主義在蘇聯沒有被徹底建成，這恰好提供了一種可能——社會主義建設被人為破壞，於是出現了倒退，走向反面。

堅持這個觀點的人很多，有一批人。他們認

為，社會發展的辯證法應該在更加複雜的意義上理解，社會運動不僅僅是向前，也可能是向後的。屬這個流派的人包括哲學家、經濟學家和社會學家。這個運動的一個領袖人物是經濟學博士，莫斯科大學教授布茲加林（Бузгалин А.В.,1954年生）。這是一批很積極的學者，他們經常舉行會議，出版自己的雜誌（《抉擇》）。我知道，甚至有國家杜馬成員屬這個小組。比如，一個很有意思的人，杜馬成員，杜馬的教育委員會副主任斯莫林（Смолин О.Н.,1952年生）就屬這個小組。他們自稱為批判的馬克思主義者。他們不但批判地對待我國現存的社會秩序，在這方面他們是批判的，此外，他們批判地對待他們認為是過時了一些馬克思主義的原理。

最後我們看看第三個小組，他們首先是哲學家。在最近一些年裡，他們專門分析了科學社會主義理論，打算重新考察這個理論，重新評價它。這在我們那裡以前是沒有人做過的。我指的首先是我們著名的哲學家奧伊澤爾曼院士的兩部著作，他是當今俄羅斯最老的哲學家，他已經97歲了（準確地說，已經97歲半了）。他是個非常積極的人，幾乎每年出版一部著作，經常發表文章，作報告，定期去哲學所，經常就各種問題演講。兩年前當他慶祝95歲生日時,我們哲學所想要慶祝一下,但是他說,最好還是讓我做個報告,然後你們討論它。確實,他作了報告,然後我們討論他的報告。

奧伊澤爾曼一生寫了很多東西,他是西方哲學史專家,在我們那裡他始終是個非常著名的馬克思主義哲學史專家。當我是莫斯科大學的學生時,奧伊澤爾曼給我們講授馬克思主義哲學史課。他對馬克思的著作非常熟悉,從早期著作到晚期著作。當他90歲的時候,在他的哲學發展中似乎出現了一個新階段,他對很多東西的看法發生了改變。他出版了兩本關於馬克思主義的書,一本是《馬克思主義與烏托邦》,另外一本是 《為修正主義辯護》。

在這些書裡,奧伊澤爾曼提出下面的論點。他認為,馬克思和恩格斯所創立的哲學觀念,辯證唯物主義和歷史唯物主義,是哲學的偉大成就。在這個哲學觀念裡,有些論點需要精確化,主要的是應該發展這套哲學觀念。在他看來,這是一套偉大的哲學觀念,但是它沒有徹底建成,需要進一步發展。比如說辯證法,他認為,除了恩格斯提出的三大規律外,還可能有其他規律。至於說歷史唯物主義,奧伊澤爾曼認為，馬克思說的社會存在決定社會意識，應該這樣來理解，社會存在不是不依賴於人的東西，而是人的活動。不過，奧伊澤爾曼強調馬克思和恩格斯在哲學領域裡，在對自然界、人和社會過程的理解方面的思想的意義，他們為在哲學上理解所有這些過程奠定了基礎。至於說科學社會主義的理論，他認為，今天應該以新的眼光來看這些思想。

奧伊澤爾曼強調，馬克思主義理論，比如社會主義理論，是科學理論。任何科學理論都要與事實相符。這就要看事實是否能夠確證這個理論。如果從這個觀點看科學社會主義，那麼，他認為，有些事實不能確證這個理論的某些論斷。如果有些事實不能確證這個理論的某些論斷，那麼就要對它們進行改造，換個方式表達，或者拒絕這些論斷。奧伊澤爾曼在自己的書《為修正主義辯護》裡嘗試表明，某些修正主義者恰好就在走這條路，馬克思主義的某些論斷遭到了修正。比如奧伊澤爾曼指出伯恩斯坦的例子。他認為伯恩斯坦是正確的。他指出，馬克思有兩種方法論證社會革命和社會主義革命的必要性，一個方法與資本主義制度運行的機制自身有關。馬克思想要表明，資本主義是這樣運行的，比如它可以導致經濟危機，因此，這個經濟發展進程自身要求必須改變經濟結構，拒絕資本主義。第二個論點（包含在《資本論》裡）認為，隨著資本主義的發展，將要發生，而且絕對會發生工人階級的相對貧困化。奧伊澤爾曼認為，世界經濟的發展，世界資本主義的發展沒有證明這個論點。工人階級還有很多問題，尤其是現代工人階級。但是，不能說工人階級比一百年前生活的更糟，相反，它生活的更好了。此外，還有一個重要情況，工人階級的數量在減少，從事生產的人數，即工人階級的人數逐漸減少。所以，奧伊澤爾曼認為，借助於暴力革命，就是由工人階級所實現的革命，作為一個社會形態的資本主義將要消失，這些思想都過時了。他寫道，馬克思的一系列思想是烏托邦。馬克思和恩格斯都反對烏托邦，他們強調，他們的社會主義不是烏托邦的，而是科學的社會主義。但是，奧伊澤爾曼認為，他們沒有能夠避免烏托邦的一些因素。

在奧伊澤爾曼看來，在馬克思和恩格斯學說裡的烏托邦成分是，第一，私有制的消失，在未來私有制應該消失。奧伊澤爾曼認為，生活恰好肯定了私有制。第二，馬克思和恩格斯斷定，社會主義就是拒絕市場關係。奧伊澤爾曼的觀點是，資本主義是有局限的，這種社會生產和社會經濟，社會生活的體制在歷史上看是暫時的，新制度應該取而代之，這就是社會主義。他支持這個論點。但是，他認為，生活表明，向新的社會關係的過渡，向社會主義的過渡，不是通過暴力革命實現，也不是借助於無產階級專政，而是借助於資本主義自身經濟體制的發展。奧伊澤爾曼的結論是，伯恩斯坦是正確的，即資本主義向社會主義的過渡只能是逐漸發生的，不需要暴力方法，不需要無產階級專政，就是說，要依靠自然發展進程自身。

在自己的書《馬克思主義與烏托邦》裡，奧伊澤爾曼建議按照新的方式理解烏托邦或烏托邦思維方式自身。通常把烏托邦理解為一種否定的東西，應該遭到批判的東西。因為烏托邦是一種關於不存在的東西的觀念，關於未必能夠實現的東西的觀念。所以，我們每個人在要實施嚴肅的社會行為，不應該遵循烏托邦式的幻想，而是要嚴格遵循對現有的東西的科學分析，並從這個分析出發，瞭解什麼是可能的，什麼是不可能的。

奧伊澤爾曼認為，針對很對社會過程，做出嚴格的預測是困難的，也許是不可能的。所以，在任何對未來的思考嘗試中，烏托邦的因素都是不可避免的,必然包含這樣的因素。任何一個社會理論家都無法避免烏托邦的成分。此外,烏托邦因素也可以發揮肯定的作用。因為烏托邦是關於所希望的東西的觀念,即所希望的未來的觀念。當我們擁有這種所希望未來的形象時,這就會為我們提供力量、能量,迫使我們行動、工作,以便實現這個未來形象。所以,假如說在馬克思主義裡發現了烏托邦的因素,那麼,從奧伊澤爾曼的觀點看,在馬克思主義思想首次開始形成的階段上,這也是不可避免的。現在過了很多時間,出現了新生活,新現實,我們應該根據這種新情況,對這個學說中的某些因素進行重新考察。

奧伊澤爾曼的這些著作出版後,我們對它們進行了討論,發生了很大的爭論,其中的很多參加者不理解他的思想,對他進行了批評,不同意他的觀點。不過,也有人同意他的某些觀點。無論如何,這兩部著作在我們哲學最近的討論中產生了很大反響。

在這些討論中,有一位參加者是我們的另外一位著名哲學家,馬克思主義者梅茹耶夫(Межуев B.M.,1933年生)。他不但批判奧伊澤爾曼的觀念,而且還提出了自己的觀念,這關涉到馬克思對科學社會主義的理解。

梅茹耶夫的觀點中有些是與奧伊澤爾曼一致的，但大部分是有分歧的。梅茹耶夫嘗試給出自己的理解，即今天應該如何理解社會主義，以及向社會主義的過渡，其出發點還是馬克思的一些思想。他認為，直到不久前，馬克思主義者們在探討資本主義向社會主義過渡時，他們求助於馬克思的一些思想，但沒有注意到馬克思的另外一些思想，在這方面，這些另外的思想可能是更重要的。比如，他們注意到馬克思關於暴力社會革命的思想，無產階級專政的思想，無產階級與資產階級之間鬥爭的思想，但是沒有注意到另外一些思想。馬克思有很多其他重要思想，比如它們包含在《資本論》第三卷以及其他一些著作裡。這些思想關涉到科學和所謂的精神生產。馬克思注意到，從事普通生產的人，與在科學或文化裡從事精神活動的人，他們的行為是不同的。馬克思認為，從事生產的人是部分的人，他只實現自己的部分功能，而且其出發點是私人的利益，比如掙錢。掙錢對從事工業生產的工人而言是非常重要的。對資本家而言，掙錢也是非常重要的。就是說，在這種情況下，人們都從自己的個人利益出發。私有制就與此有關。

按照馬克思的說法，從事科學研究的人就陷入到了一般的生產或一般的勞動領域,而不是部分勞動,私人勞動。這涉及到從事科學研究的科學家,還有作家、詩人、藝術家。當然,對科學家、作家和詩人而言,掙錢也是重要的,但這不是他們活動的主要動機。他們的主要動機是創造。在這個活動裡發生很有趣的東西,在這裡,一般與部分之間的界限消失了。

當一個人從事生產時,他從事的是部分活動,生產個別產品,把這個產品交個別人,或者賣給別人,由此掙到錢。就是說,當我製造了東西,賣掉之後,我就不再擁有這個東西了,因為它已經在另外一個人那裡了。但是,當我從事科學活動時,提出某種思想或理論,這是我的理論,同時也是一般的理論,既是我的,也是一般的。所以,在我的與一般的之間,在一般與個別之間,界限消失了。

此外,一個人陷入到一般的活動裡,這種活動針對所有人,針對一般,針對整個文化,與此同時,他也在發展作為個體的自己。如果我創造了某種知識,使之成為社會共有的財富,這種知識就過渡給了所有人,它走出了我的範圍,它不再是我的私有財產。但是,我的能力留下來了,它幫助我製造了這種知識，還可以製造新知識。這就是馬克思所謂的一般勞動，或精神生產。這是馬克思的非常重要的原理。

在馬克思那裡，還有另外一個重要原理。資本主義體制下的經濟發展將導致的一個結果是，經濟、生產將越來越多地利用科學知識。所生產的產品不僅僅是站在車床旁邊的工人體力勞動的結果，而且也是科學家們此前所作出的科學研究成就的結果。所以，馬克思說，科學開始變成直接的生產力。科學成為生產的因素。馬克思預見到這種情況會越來越普遍，這時，經濟與生產將獲得完全新的特徵，這是完全不同的相互關係。在生命最後幾年，馬克思把向社會主義的過渡，把向新經濟關係體制的過渡與這些過程聯繫在一起。

梅茹耶夫嘗試表明，馬克思的這些思想在今天尤其現實和重要，這已經是21世紀了。在這個意義上，他認為，馬克思不是19世紀的思想家，甚至不是20世紀的思想家，而是21世紀的思想家。因為馬克思提前預見到了這樣一些過程，它們只是在今天才真正地發生，120年之前是沒有的。因此，梅茹耶夫嘗試分析世界發達國家裡在今天形成的處境。比如，現在才獲得自己名稱的知識社會。在這裡，知識的生產和傳播，知識的利用，在很大程度上越來越多地影響所有其他社會過程。他還引用知識經濟，這是經濟裡的一個領域，它的發展依靠對知識的利用，包括科學知識。事實上，在經濟的這個領域裡，一般的經濟規律決定著生活其他領域相互關係的特點，這對資本主義而言是非常典型的。但是，這些經濟規律現在越來越不適用了。不久前，在我們俄羅斯科學院，我聽到中央經濟數學研究所所長馬卡洛夫關於經濟知識的長篇報告。他在報告裡嘗試表明，古典經濟學規律在這個經濟領域（知識經濟）裡是不適用的，至少是不完全適用的。因此，梅茹耶夫說，資本主義借助於自己的經濟機制的發展不會簡單地就可以向社會主義過渡，社會主義的增長和發展將導致知識社會、知識經濟的主導地位，導致在知識經濟領域從業的人在社會上的獨特作用的增加。那將是一種新類型的社會，將產生另外一種社會結構。

梅茹耶夫指出這樣的事實，直接從事生產活動的人，即工人的數量越來越少，另外的社會制度或階層將會出現。梅茹耶夫對這種向新類型社會的過渡感興趣。這是什麼樣的階層呢？他們首先從事的是知識生產，而且，在知識生產領域裡從業的人數會越來越多。所以，梅茹耶夫認為，這個階層的利益與古典意義上的資本主義的利益衝突。在他看來，這個新階層很可能成為社會主義新觀念的載體。同時他指出一個眾所周知的事實，比如美國，在知識分子中間，絕大多數人同情社會主義，對資本主義持批判態度的人數也最多。這就是梅茹耶夫的觀念，也獲得了巨大反響，引起巨大爭論。並非所有人都同意他的觀念。我在這裡舉梅茹耶夫的例子，是想要展示一下，我們現代的一些理論家，包括哲學家和非哲學家，都在嘗試評價馬克思的一系列在今天依然有意義的思想。

現在我談談自己對待梅茹耶夫思想的態度。我認為，他的觀點很意思，值得探討。知識社會，知識經濟的確是新現象，在人類以前的歷史上未曾有過的現象。馬克思的確遇見到了這個類型的社會現象的出現。然而，梅茹耶夫畢竟有點兒誇大了今天一些過程的可能性。我同意他的這樣一個說法，從事精神生產領域的人的利益與純粹的資本主義利益是衝突的，即原則上說是有衝突的。但是，我們看看今天的情況，資本主義及其制度嘗試為了自己的利益而利用這些新現象。這是因為，科學在發展，出現一種所謂的技術科學的現象。技術科學也是個現代現象，這是基礎科學領域的研究與應用研究、實際研究之間的密切接近。對技術科學的一些領域的研究，投資越來越大。這裡涉及到應用研究，科學家的發現和建議將被購買，被利用。一些具體研究結果，即所謂的實際知識和技術（Hoy xay），可能成為某公司的私有財產。所以，這並不是馬克思所說的那種一般勞動。就是說，資本主義嘗試利用經濟領域和社會生活中的這些新現象，保衛自己的利益。甚至出現這樣的術語，叫認知資本主義。即資本主義也在利用認知科學、認知技術研究的成果，發展自己的經濟基礎。所以，現實過程是更加複雜的。

但是，也許梅茹耶夫是正確的，他引用馬克思的相應一些思想，比如，在原則上，精神生產、文化領域的工作，在一定意義上與資本的發展是矛盾的。我們現在只是處在與所謂的知識社會有關的新社會過程發展的初級階段上。所以，某些新現象可能會出現，它們迫使我們關注和研究。我認為，梅茹耶夫最近的一些著作非常重要，因為他在其中向我們表明，馬克思很早以前，在19世紀已經表達的一系列思想是非常現代的。他保持對馬克思著作的興趣。確實，我們的一些研究者，特別是年輕人，他們曾經覺得馬克思寫的東西，與馬克思有關的東西，都過時了，它們有歷史意義，但不適合現代性。現在，他們重新開始閱讀馬克思著作，開始嚴肅地思考和理解它們。這裡的一切都是非常深刻的。

20年前，在我國哲學界有人花費巨大的努力，企圖推行這樣一個想法，即馬克思過時了，馬克思主義是早就成為過去的東西。人們關於這一點談了很多，寫了很多。現在情況發生了變化。

首先，如上所述，當年產生的那些學派依然在繼續工作。20世紀下半葉由我們的馬克思主義哲學家們提出來的非常有意思的一些思想繼續獲得研究。伊利因科夫的學生們經常聚會，弗洛羅夫的追隨者也經常聚會，在我們的心理學領域還在繼續研究文化歷史活動論立場。比如，前面提到的那個國際組織一直關注在蘇聯首次提出和研究的那些思想，它們就源自於馬克思的一些基本原則。

其次，我們出版了21卷的叢書就是要展示俄羅斯哲學在20世紀下半葉的發展。現在學術界已經開始討論這套書，舉辦過一系列學術研討會，在我們《哲學問題》雜誌上也舉辦過圓桌會議，都是關於這套叢書的。在我們俄羅斯有個圖書出版聯合會,每年為人文科學領域出版的優秀圖書頒獎。今年4月份,該聯合會把去年(2010年)人文科學領域最優秀圖書獎頒給了我們這套大型叢書。在廣播和電視上,都曾經做過關於這套叢書的節目,我自己參加了這些節目。我們有個電視節目,叫"明顯的,但卻是不可思議的",主持人是謝爾蓋·卡皮察。不久前,他專門邀請我去參加這個節目,我在那裡講了一個小時。我強調,今天有一批專家,他們嘗試繼續發展馬克思的一些思想,借助於它們來理解現代社會過程,包括現代經濟,這裡有經濟學家、社會學家和哲學家。

最後,我想說,最近十年來,奧伊澤爾曼院士發表了一系列研究馬克思主義的著作,它們引起了強烈反響,人們重新關注這個話題。針對上邊提到他的那兩部著作,《馬克思主義與烏托邦》和《為修正主義辯護》,在我們《哲學問題》雜誌上以圓桌會議的形式進行過討論,有很多人參加了討論。梅茹耶夫也提出了自己的思想,我上邊提到了。這些思想現在也迫使我們思考和討論。總之,在理解哲學問題、經濟問題與社會問題方面,延續馬克思主義方法的人還是有的,他們積極地工作,其中有不少青年人。

如果20年前流行的意見認為，馬克思和馬克思主義是某種過時的東西，早就成為過去的東西，不具有現實意義了，那麼，現在流行的是另外一個意見。尤其是在2008年發生全球經濟危機時，對馬克思及其思想的興趣劇增，很多人又開始閱讀《資本論》，回想起馬克思。因為在此之前，大約十年前，我們的那些經濟學家曾經企圖讓我們確信，馬克思論述的經濟危機，主要是針對19世紀。在現代資本主義裡，經濟危機已經被克服，以後不可能再有經濟危機了。然而，經濟危機突然爆發了。這個時候，人們又回想起了馬克思。

　　在德國曾經上演一部戲劇，叫"卡爾‧馬克思《資本論》第一卷"。這部戲劇獲得很大成功。後來，劇組來到俄羅斯，在莫斯科上演了這部戲劇，同樣獲得很大成功。

www.ingramcontent.com/pod-product-compliance
Lightning Source LLC
Chambersburg PA
CBHW050556170426
43201CB00011B/1713